光盘界面

案例赏析

案例欣赏

素材下载

视频文件

U0336763

案例欣赏

创建三维模型

↑ 创建轴承座　　↑ 创建支耳　　↑ 创建泵体模型　　↑ 创建法兰支撑架

绘制二维零件图形

绘制法兰轴　　绘制轴承座

绘制固定支座　　绘制拨叉

标注零件尺寸

标注中间轴　　标注泵盖零件

标注箱体零件　　标注轴套

打印输出和发布零件图

打印踏架零件图

打印柱塞泵体零件图

↑ 输出齿轮轴零件图的PDF文件

BIM
工程师成才之路

AutoCAD 2013

中文版基础教程

□ 郭晓军 马玉仲 编著

清华大学出版社
北京

内 容 简 介

　　本书以 AutoCAD 2013 中文版为操作平台，全面介绍了使用该软件进行产品设计的方法和技巧。全书共分 11 章，主要内容包括 AutoCAD 2013 入门基础和绘图基础、绘制和编辑二维图形、文本注释、创建和编辑三维图形、打印和输出图形等，覆盖了使用 AutoCAD 设计各种产品的全面过程。本书在讲解软件功能的同时，在每一章都安排了丰富的"课堂实例"和"扩展练习"，以辅助读者巩固所学知识，解决读者在使用 AutoCAD 2013 软件过程中所遇到的大量实际问题。此外，本书配套光盘附有多媒体语音视频教程和大量的图形文件，供读者学习和参考。

　　本书内容结构严谨、分析讲解透彻，且实例针对性极强，既适合作为 AutoCAD 的培训教材，也可以作为 AutoCAD 工程制图人员的参考资料。

图书在版编目（CIP）数据

AutoCAD 2013 中文版基础教程/郭晓军等编著. —北京：清华大学出版社，2014
（BIM 工程师成才之路）
ISBN 978-7-302-31796-8

　Ⅰ. ①A…　　Ⅱ. ①郭…　　Ⅲ. ①AutoCAD 软件–教材　　Ⅳ. ①TP391.72

中国版本图书馆 CIP 数据核字（2013）第 062972 号

责任编辑：夏兆彦
封面设计：龚　珂
责任校对：徐俊伟
责任印制：何　芊

出版发行：清华大学出版社
　　　网　　　址：http://www.tup.com.cn，http://www.wqbook.com
　　　地　　　址：北京清华大学学研大厦 A 座　　　邮　　编：100084
　　　社 总 机：010-62770175　　　　　　　　　　邮　　购：010-62786544
　　　投稿与读者服务：010-62776969，c-service@tup.tsinghua.edu.cn
　　　质 量 反 馈：010-62772015，zhiliang@tup.tsinghua.edu.cn
印 刷 者：清华大学印刷厂
装 订 者：三河市溧源装订厂
经　　销：全国新华书店
开　　本：190mm×260mm　印　张：18.75　插　页：1　字　　数：465 千字
　　　　（附光盘 1 张）
版　　次：2014 年 12 月第 1 版　　　　　　　　　　印　　次：2014 年 12 月第 1 次印刷
印　　数：1～3500
定　　价：49.00 元

产品编号：050785-01

AutoCAD 是专门为计算机绘图开发的设计软件。该软件提供了开放的平台、面向对象的绘图环境和简易的操作方法，用户可以对产品进行设计、分析、修改和优化等操作。该软件不仅能够将设计方案用规范、美观的图纸表达出来，而且能有效地帮助设计人员提高设计水平及工作效率，从而解决了传统手工绘图中人为造成的种种弊端，便于用户及时对图纸进行必要的调整和修改。

最新推出的 AutoCAD 2013 在其原有版本的基础上做了较大的改动，功能日益完善起来。另外，该软件的操作界面和细节功能更加人性化，在运行速度和数据共享等方面都有较大的增强，便于设计者快捷和准确地完成设计任务。

1. 本书内容介绍

本书以工程理论知识为基础，以典型的机械零部件为训练对象，带领读者全面学习 AutoCAD 2013 中文版软件。全书共分 11 章，具体内容详细介绍如下。

第 1 章　主要介绍 AutoCAD 2013 软件的操作界面、基本功能和部分新增功能，并详细介绍了文件管理、对象选择和视图的控制等操作方法。

第 2 章　主要介绍绘图环境的设置和图形的精确控制设置等绘图通用知识，并通过细致地讲解坐标系的使用和相关的图层管理操作方法，使用户对 AutoCAD 的绘图环境有进一步的了解。

第 3 章　主要介绍使用点、线、矩形和圆等工具来绘制图形的方法和技巧，并详细介绍某些线条的编辑方法，例如对多段线和样条曲线的编辑修改。此外还介绍了图案填充的操作方法。

第 4 章　主要介绍常用编辑工具的使用方法和操作技巧以及夹点编辑的操作方法。此外还详细介绍了编辑对象特性和创建面域的操作方法和技巧。

第 5 章　主要介绍尺寸标注的相关设置和操作方法，其中重点是各类图形尺寸的标注和编辑方法。

第 6 章　主要介绍文字和表格的添加和编辑方法并详细介绍了如何添加几何约束和尺寸约束等相关内容。

第 7 章　主要介绍常规块和动态块的创建方法以及块和块属性的相关编辑技巧。此外还详细介绍了使用外部参照插入各种对象的方法和查询图形数据信息的相关方法。

第 8 章　主要介绍 AutoCAD 三维绘图的基础知识、UCS 的设置方法以及控制三维视图显示效果的方法，并详细介绍了各种观察三维视图的方法。

第 9 章　主要介绍在三维建模环境中创建各种三维曲线和网格曲面的方法以及利用 AutoCAD 相关的实体工具创建各种三维实体的方法。

第 10 章　主要介绍实体间的布尔运算和相关的三维操作方法。此外还详细介绍了编辑实体的边、面和体的方法。

第 11 章　主要介绍视图布局和视口的设置方法以及常用图形的打印输出和格式输出方法。此外还介绍了 DWF 格式文件的发布方法以及将图形发布到 Web 页的方法。

2．本书主要特色

本书是指导初学者学习 AutoCAD 2013 中文版绘图软件的标准教程。书中详细地介绍了 AutoCAD 2013 强大的绘图功能及其应用技巧，使读者能够利用该软件方便快捷地绘制工程图样，并进行三维建模。本书主要特色介绍如下。

❑　**内容的全面性和实用性**

在定制本教程的知识框架时，笔者就将写作的重心放在体现内容的全面性和实用性上。因此提纲的定制以及内容的编写力求将 AutoCAD 专业知识全面囊括。另外，每章都安排了丰富的课堂实例，且这些实例都与工程实践设计紧密联系在一起，采用了实用案例式的讲解，同时附有简洁明了的步骤说明，使用户在制作过程中不仅巩固知识，而且通过这些实例建立产品设计思路，在今后的设计过程中起到举一反三的效果。

❑　**知识的系统性**

从整本书的内容安排上不难看出，全书的内容是一个循序渐进的过程，即讲解绘图基本知识和 AutoCAD 操作环境、绘制和编辑二维图形、创建和编辑三维图形，以及观察模型和输出打印图形等等，环环相扣，紧密相联。

❑　**知识的拓展性**

为了拓展读者的机械专业知识，书中在介绍每个绘图工具时都与实际的零件绘制紧密联系，并增加了机械制图的相关知识、涉及到的零件图的绘制规律、原则、标准以及各种注意事项。

3．随书光盘内容

为了帮助用户更好地学习和使用本书，本书专门配带了多媒体学习光盘，提供了本书实例源文件、最终效果图和全程配音的教学视频文件。本光盘使用之前，读者需要首先安装光盘中提供的 tscc 插件才能运行视频文件。其中 example 文件夹提供了本书主要实例的全程配音教学视频文件；downloads 文件夹提供了本书实例素材文件；image 文件夹提供了本书主要实例最终效果图。

4．本书适用的对象

本书紧扣工程专业知识，不仅带领读者熟悉该软件，而且可以了解产品的设计过程，特别适合作为高职类大专院校机电一体化和机械设计制造与自动化等专业的标准教材。全书共分 11 章，安排 30～35 个课时，并配有相应的课堂实例和扩展练习。

　　本书是真正面向实际应用的 AutoCAD 基础图书。全书由高校机械专业教师联合编写，力求内容的全面性、递进性和实用性。全书内容丰富、结构合理，不仅可以作为高校、职业技术院校机械和模具等专业的初中级培训教程，而且还可以作为广大从事 CAD 工作的工程技术人员的参考书。

　　除了封面署名人员之外，参与本书编写的人员还有马海军、李海庆、陶丽、王咏梅、康显丽、郝军启、朱俊成、宋强、孙洪叶、袁江涛、张东平、吴鹏、王新伟、刘青凤、汤莉、冀明、王超英、王丹花、闫琰、张丽莉、李卫平、王慧、牛红惠、丁国庆、黄锦刚、李旎、王中行、李志国等。在编写过程中难免会有漏洞，欢迎读者通过我们的网站 www.itzcn.com 与我们联系，帮助我们改正提高。

Contents

目 录

第 1 章

AutoCAD 2013 入门基础

AutoCAD 是一款强大的工程绘图软件。在传统手工绘图基础上，它吸收了各种图形绘制的基本原则、要求和技巧，并将此加以巩固发展，可以轻松有效地帮助用户实现数据设计和图形绘制等多项功能。AutoCAD 已经成为工程人员工作中不可或缺的重要工具，使用该软件绘制的二维和三维图形在工程设计、生产制造和技术交流中起着不可替代的重要作用。

本章主要介绍 AutoCAD 2013 软件的操作界面、基本功能和部分新增功能，并详细介绍了文件管理、对象选择和视图的控制等操作方法。

本章学习目的：

➢ 熟悉 AutoCAD 2013 软件的基本功能和新增功能

➢ 熟悉 AutoCAD 2013 软件的操作界面

➢ 掌握管理图形文件的相关方法

➢ 掌握选择对象的相关方式

➢ 熟悉视图的常用操作工具

1.1 AutoCAD 功能概述

最新推出的 AutoCAD 2013 在其原有版本的基础上做了较大的改动，其功能更加完善起来。另外，该软件的操作界面和细节功能更加人性化，在运行速度和数据共享等方面都有较大的增强，便于设计者快捷和准确地完成设计任务。

1.1.1 AutoCAD 基本功能

AutoCAD 是一款强大的工程绘图软件，已经成为工程人员工作中不可或缺的重要工具，用户可以利用该软件对产品进行设计、分析、修改和优化等操作。AutoCAD 软件的基本功能主要体现在产品的绘制、编辑、注释和渲染等多个方面，现分别介绍如下。

1. 绘制与编辑图形

在 AutoCAD 软件的【草图和注释】工作空间下，【常用】选项卡中包含有各种绘图工具和辅助编辑工具。利用这些工具可以绘制各种二维图形，效果如图 1-1 所示。

在【三维建模】工作空间中，用户可以利用【常用】选项卡下各个选项板上的工具快速创建三维实体模型和网格曲面，效果如图 1-2 所示。

在工程设计中，为了方便用户查看图形的机构特征，也常常使用轴测图来描述物体。轴测图是一种以二维绘图技术来模拟三维对象，沿特定视点产生的三维平行投影效果，但其绘制方法与二维图形有所不同。因此将轴测图看似三维图形，将 AutoCAD 切换到轴测模式下就可以方便地绘制出轴测图。图 1-3 所示是使用 AutoCAD 绘制的轴测图。

2. 尺寸标注

尺寸标注是在图形中添加测量注释的过程。AutoCAD 的【注释】选项卡中包含了各种尺寸标注和编辑工具。使用它们可以在图形的各个方向上创建各种类型的标注，也可以以一定格式方便、快捷地创建符合行业或项目标准的标注。

在 AutoCAD 中提供了线性、半径和角度等多种基本标注类型，可以进行水平、垂直、对齐、旋转、坐标、基线或连续等标注。此外还可以进行引线标注、公差标注以及自定义粗糙度标注。标注的对象可以是二维图形或三维图形，效果如图 1-4 所示。

3. 渲染三维图形

在 AutoCAD 中运用雾化、光源和材质，可以将模型渲染为具有真实感的图像。如果用户是为了演示，可以渲染全部对象；如果时间有限，或显示设备不能提供足够的灰度等级和颜色，就不必精细渲染；如果只需快速查看设计的整体效果，则可以简单消隐或设置视觉样式。图 1-5 所示就是利用 AutoCAD 渲染出来的三维图形效果。

图 1-1　绘制旋钮开关草图

图 1-2　法兰支撑架实体模型

图 1-3　支架轴测图效果

图 1-4　标注图形尺寸

图 1-5　渲染三维图形

4．输出与打印图形

AutoCAD 不仅允许用户将所绘图形以不同的样式通过绘图仪或打印机输出，还能够将不同格式的图形导入 AutoCAD 或将 AutoCAD 图形以其他格式输出。因此，用户完成图形绘制之后可以使用多种方法将其输出。例如可以将图形打印在图纸上，或创建成文件以供其他应用程序使用，效果如图 1-6 所示。

1.1.2　AutoCAD 2013 新增功能

2013 版 AutoCAD 在原有版本的基础上添加了全新功能，并对相应操作功能进行了改动和完善，使该新版软件可以帮助设计者更加方便快捷地完成设计任务。AutoCAD 2013 的新增功能如下。

1．交互命令行的改进

命令行界面已在 2013 版 AutoCAD 中得到革新，包括颜色和透明度。此外，它还可以更灵活地显示历史记录和访问最近使用的命令。用户可以将命令行固定在 AutoCAD 窗口的顶部或底部，或使其浮动以最大化绘图区域，如图 1-7 所示。

其中，浮动命令行以单行显示，可在 AutoCAD 窗口上方浮动。它包括半透明的提示历史记录，可以在不影响绘图区域的情况下显示多达 50 行历史记录。而命令行中的新工具可以使用户轻松访问提示历史记录的行数以及自动完成、透明度和选项控件，如图 1-8 所示。

图 1-6　输出图形

图 1-7　命令行界面

此外，当命令行处于浮动状态时，用户只需将它移动到 AutoCAD 窗口或固定选项板的边附近，命令行即可快速附着到这些边上；当调整 AutoCAD 窗口或固定选项板的大小或移动它们时，命令行也会相应地移动，以保持其相对于边的位置；如果解除相邻选项板的固定，命令行会自动附着到下一个选项板或 AutoCAD 窗口。

图 1-8　浮动命令行

提　示

> 在命令行处于浮动状态时，按 F2 键会显示更多的命令执行记录，而按 Ctrl+F2 键才会打开命令文本窗口。

2．阵列增强功能

在 2013 版 AutoCAD 中，阵列增强功能可以帮助用户以更快且更方便的方式创建对象特征。例如，用户为矩形阵列选择了对象之后，系统会在 3 行 4 列的栅格中立即生成相关的阵列特征预览；创建环形阵列时，在用户指定圆心后系统将立即生成 6 个完整的环形阵列特征预览；为路径阵列选择对象和路径后，系统将会沿路径的整个长度立即均匀生成相关的阵列特征预览，如图 1-9 所示。

在创建路径阵列特征时，用户可以基于间距和曲线长度来控制阵列数量（以填充路径），也可以明确控制该数量。在增加或减少项目间距时，项目数会自动增大或减小以适合指定的路径；

图 1-9　各阵列类型预览

同样，当路径长度更改时，项目数会自动增加或减少以填充路径。当项目计数切换处于禁用状态时，阵列末端的其他夹点提供项目计数和项目总间距的动态编辑，沿路径曲线的一部分进行排列。

提　示

> 此外，在创建各种阵列特征的过程中，用户可以利用阵列对象上的多功能夹点动态地编辑相关的特性。

3．特性预览

在 2013 版 AutoCAD 中，用户可以在应用更改前动态预览对视口特性和选择对象的更改。

例如，当更改对象的颜色时，在打开的【特性】选项板中，当光标经过列表框中的每种颜色时，选定的对象会随之动态地改变颜色，如图 1-10 所示。且当用户更改透明度时，系统也会动态应用对象透明度。

　　预览不仅局限于对象特性，视口内显示的任何更改都可预览。例如，当光标经过视觉样式、视图、日光和天光特性、阴影显示和 UCS 图标时，其效果会随之动态地应用到视口中。

图 1-10　预览颜色更改

提　示

　　用户可以在命令行中输入 PROPERTY-PREVIEW 系统变量来控制预览行为，也可以在打开的【选项】对话框中切换至【选择集】选项卡来进行相关的预览设置。

4．图案填充编辑器

在 2013 版 AutoCAD 中，图案填充编辑器得到增强，用户可以更快且更轻松地编辑多个填充对象。即可以选择多个图案填充对象，在打开的【图案填充编辑器】选项卡中同时进行编辑操作，如图 1-11 所示。

图 1-11　编辑图案填充

1.2　AutoCAD 2013 用户界面

　　在学习 CAD 软件之前，用户首先要了解 2013 版 AutoCAD 的操作界面。新版软件更加人性化，不仅提供了便捷的操作工具，便于初级用户快速熟悉操作环境，同时对于熟悉该软件的用户而言，操作将更加方便。

1.2.1　AutoCAD 的基本操作界面

　　启动 2013 版 AutoCAD 软件，系统将打开相应的操作界面，并默认进入【草图与注释】工作空间，如图 1-12 所示。该操作界面包括菜单、工具栏、工具选项板和状态栏等，各部分的含义介绍如下。

1．标题栏

　　屏幕的顶部是标题栏，它显示了 AutoCAD 2013 的名称及当前的文件位置、名称等信息。在标题栏中包括快速访问工具栏和通讯中心工具栏。

❑ **快捷工具栏**

在标题栏左边位置的快速访问工具栏包含新建、打开、保存和打印等常用工具。用户如有必要还可以将其他常用的工具放置在该工具栏中，效果如图 1-13 所示。

❑ **通讯中心**

在标题栏的右侧为通讯中心通过 Internet 与最新的软件更新、产品支持通告和其他服务的直接连接，它可以快速搜索各种信息来源、访问产品更新和通告、以及在信息中心中保存主题。通讯中心提供一般产品信息、产品支持信息、订阅信息、扩展通知、文章和提示等通知。

2. 文档浏览器

单击窗口左上角按钮，系统将打开文档浏览器。该浏览器中左侧为常用的工具，右侧为最近打开的文档，并且用户可以指定文档名的显示方式，便于更好地分辨文档，如图 1-14 所示。

图 1-12 基本操作界面

图 1-13 自定义快捷工具栏

当鼠标在文档名上停留时，系统将会自动显示一个预览图形以及它的文档信息。此时，用户可以按顺序列表来查看最近访问的文档，也可以将文档以日期、大小或文件类型的方式显示，如图 1-15 所示。

3. 工具栏

新版软件的工具栏通常处于隐藏状态，要显示所需的工具栏，切换全【视图】选项卡，在【窗口】选项板中单击【显示工具栏】按钮，在其下拉列表中选择【AutoCAD】选项，系统将显示所有工具栏选项名称。此时，用户可以根据需要选择打开或者关闭任一个工具栏。如图 1-16 所示，选择【标注】选项，系统将打开【标注】工具栏。

图 1-14　访问最近使用的文档

图 1-15　预览图形

图 1-16　打开指定工具栏

4．光标

光标是指工作界面上当前的焦点或者当前的工作位置。针对 AutoCAD 工作的不同状态，对应的光标会显示不同的形状。

当光标位于 AutoCAD 的绘图区时，呈现为十字形状，在这种状态下用户可以通过单击来执行相应的绘图命令；当光标呈现为小方格型时，表示 AutoCAD 正处于等待选择状态，此时用户可以单击鼠标在绘图区中进行对象的选择，如图 1-17 所示。

5．命令窗口

命令窗口位于绘图界面的最下方，主要用于显示提示信息和接受用户输入的数据。在 AutoCAD 中，用户可以按 Ctrl+9 快捷键来控制命令窗口的显示和隐藏。当用户按住命令行左侧的标题栏进行拖动时，可以使其成为一浮动面板，如图 1-18 所示。

图 1-17　光标的状态

图 1-18　浮动命令窗口

AutoCAD 还提供一个文本窗口，按下 F2 键将显示该窗口，如图 1-19 所示。它记录了本次操作中的所有操作命令，包括单击按钮和所执行的菜单命令。用户在该窗口中输入命令后按 Enter 键，也同样可以执行相应的操作。

6．状态栏

状态栏位于整个界面的最底端。它的左边用于显示 AutoCAD 当前光标的状态信息，包括 X、Y 和 Z3 个方向上的坐标值；右边则显示一些具有特殊功能的按钮，一般包括捕捉、栅格、动态输入、正交和极轴等。如图 1-20 所示，单击【显示/隐藏线宽】功能按钮，系统将显示所绘图形的轮廓线宽效果。

图 1-19　文本窗口

图 1-20　显示轮廓线宽

7．选项卡

新版软件的界面显示具有与 Office 2007 软件相似的工具选项卡，几乎所有的操作工具都位于选项卡对应的选项板中，如图 1-21 所示。

8．坐标系

AutoCAD 提供了两个坐标系：一个称为世界坐标系（WCS）的固定坐标系和一个称为用户坐标系（UCS）的可移动坐标系。UCS 对于输入坐标、定义图形平面和设置视图非常有用。改变 UCS 并不改变视点，只改变坐标系的方向和倾斜角度，如图 1-22 所示。

图 1-21　选项卡

1.2.2　工作空间

工作空间是由分组组织的菜单、工具栏、选项板和功能区控制面板组成的集合，使用户可以在专门的、面向任务的绘图环境中工作。且用户使用工作空间时，系统只会显示与任务相关的菜单、工具栏和选项板。

图 1-22　坐标系

2013 版 AutoCAD 继续提供了基于两个任务的工作空间类型：模型空间和图纸空间。单击 AutoCAD 顶部【工作空间】右边的小三角，系统即可打开【工作空间】下拉列表，如图 1-23 所示。

1．工作空间的切换

在展开的【工作空间】下拉列表中选择不同的选项，系统将切换至不同的工作空间，且带有复选标记的工作空间是用户的当前工作空间。该列表中各选项的含义现分别介绍如下。

图 1-23　【工作空间】下拉列表

❑　**模型空间**

模型空间包括【三维基础】和【三维建模】两个工作空间，它是可以建立三维坐标系的工作空间，用户大部分的三维设计工作都在该类空间中完成。在该空间中，即使用户绘制的是二维图形，也是处在空间位置中的。该类空间主要用来创建三维实体模型。

❑　**图纸空间**

该类空间即【草图与注释】工作空间，只能进行二维操作，绘制二维图形，主要是用于规划输出图纸的工作空间。用户在该类空间中添加的对象在模型空间中是不可见的，另外，在图纸空间中用户也不能直接编辑模型空间中的对象。通俗地说，模型空间是设计空间，而图纸空间是表现空间。

此外，在该列表中还显示了【AutoCAD 经典】选项。如果用户选择该选项，系统将切换至 AutoCAD 经典工作空间，如图 1-24 所示。

图 1-24　AutoCAD 经典工作空间

　　该工作空间也主要是用来绘制二维图形的，与【草图与注释】工作空间所不同的是，该空间内各类工具栏遍布，使用户在绘制图形时操作更为方便。

2．工作空间的设置

　　在展开的【工作空间】下拉列表中选择【工作空间设置】选项，系统将打开【工作空间设置】对话框，如图 1-25 所示。

图 1-25　【工作空间设置】对话框

　　在该对话框的【我的工作空间】下拉列表框中可以选择系统默认的工作空间打开模式；在【菜单显示及顺序】列表框中选择相应的工作空间名称并通过右边的【上移】和【下移】按钮可以调整其排列顺序；在【切换工作空间时】选项组中，通过选择不同的单选按钮，用户可以设置切换空间时是否保存空间的修改。

　　另外，用户若选择【工作空间】下拉列表中的【将当前工作空间另存为】选项，系统将打开【保存工作空间】对话框。此时在该对话框的文本框中输入要保存的空间名称，并单击【保存】按钮，即可在【工作空间】下拉列表中查看另存效果，如图 1-26 所示。

图 1-26　另存工作空间

1.3　文件管理

在 2013 版 AutoCAD 的快捷工具栏中，系统提供了一些管理图形文件所必须的操作命令，即用于建立新的文件、打开和关闭现有的图形文件、保存或者重命名保存图形文件等。要提高设计的工作效率，用户首先要熟悉这些图形文件的管理方法。

1.3.1　新建和打开文件

在 AutoCAD 中，新建图形文件和打开现有文件进行编辑是最常用的管理图形文件的方法。其中，通过新建图形可以创建多个类型的图形文件，而利用【打开】工具不仅可以打开这些类型的文件，且图形文件不受时间和版本的限制。

1. 新建图形文件

当启动了 AutoCAD 2013 以后，系统将默认创建一个图形文件，并自动被命名为 Drawing1.dwg。这样在很大程度上就方便了用户的操作，只要打开 AutoCAD 即可进入工作模式。

要创建新的图形文件，用户可以在快捷工具栏中单击【新建】按钮，系统将打开【选择样板】对话框，如图 1-27 所示。此时在该对话框中选择一个样板，并单击【打开】按钮，系统即可打开一个基于样板的新文件。一般情况下，日常设计中最常用的是"acad"样板和"acadiso"样板。

此外，在创建样板时，用户可以不选择任何样板，从空白开始创建。此时

图 1-27　【选择样板】对话框

需要在对话框中单击【打开】按钮旁边的黑三角打开其下拉菜单，然后选择【无样板打开-英制】或【无样板打开-公制】方式即可。

> 提　示
>
> 第一个新建的图形文件命名为"Drawing1.dwg"。如果再创建一个图形文件，其默认名称为"Drawing2.dwg"，依次类推。

2. 打开图形文件

在机械设计过程中并非每个零件的 AutoCAD 图形都必须绘制，用户可以根据设计需要将一个已经保存在本地存储设备上的文件调出来编辑，或者进行其他操作。

要打开现有图形文件，用户可以直接在快捷工具栏中单击【打开】按钮 📂，系统将打开【选择文件】对话框，如图 1-28 所示。在该对话框中单击【打开】按钮旁边的黑三角，其下拉菜单中提供了以下 4 种打开方式。

❑ **打开**

该方式是最常用的打开方式。用户可以在【选择文件】对话框中双击相应的文件或者选择相应的图形文件，然后单击【打开】按钮即可，如图 1-29 所示。

图 1-28　【选择文件】对话框　　　　　　　　图 1-29　直接打开图形

❑ **以只读方式打开**

选择该方式表明文件以只读的方式打开。用户可以进行编辑操作，但编辑后不能直接以原文件名存盘，需另存为其他名称的图形文件，如图 1-30 所示。

❑ **局部打开**

选择该方式仅打开图形的指定图层。如果图形中除了轮廓线、中心线外还有尺寸、文字等内容分别属于不同的图层，此时，采用该方式可执行选择其中的某些图层打开图样。该打开方式适合图样文件较大的情况，可以提高软件的执行效率。

如果用户使用局部打开方式，则在打开后只显示被选图层上的对象，其余未选图层上的对象将不会被显示出来，如图 1-31 所示。

图 1-30　以只读方式打开图形

选择【局部打开】方式，系统在打开的对话框左边的列表框中列举出了打开图形文件时的可选视窗，其右边的列表框列出了用户所选图形文件中的所有图层。如果使用局部打开方式则必须在打开文件中选定相应的图层，否则将出现警告对话框提示用户。

❑ **以只读方式局部打开**

选择该方式打开当前图形与局部打开文件一样需要选择相应的图层。用户可以对当前图形进行相应的编辑操作，但无法进行保存，需另存为其他名称的图形文件，如图 1-32 所示。

图 1-31　局部打开图形文件　　　　图 1-32　以只读方式局部打开

1.3.2　保存和加密文件

在创建和编辑图形后，用户可以将当前图形保存到指定的文件夹。另外，出于对图形文件的安全性考虑，用户可以对相应的图形文件使用密码保护功能，即对指定图形文件执行加密操作。

1. 保存图形文件

在使用 AutoCAD 软件绘图的过程中，用户应每隔 10～15 分钟保存一次所绘的图形。定期保存绘制的图形是为了防止一些突发情况，如电源被切断、错误编辑和一些其他故障，尽可能做到防患于未然。

要保存正在编辑或者已经编辑好的图形文件，用户可以直接在快捷工具栏中单击【保存】按钮 🖫（或者使用快捷键 Ctrl+S）。如果所绘图形文件是第一次被保存，系统将打开如图 1-33 所示的【图形另存为】对话框。此时，在该对话框中输入图形文件的名称（不需要扩展名），并单击【保存】按钮，即可将该文件成功保存。

图 1-33　保存图形

除了上面的保存方法之外，AutoCAD 还为用户提供了另外一种保存方法，即间隔时间保存。其设置方法是：在空白处单击鼠标右键，在打开的快捷菜单中选择【选项】选项。然后在打开的对话框中切换至【打开和保存】选项卡，如图 1-34 所示。

此时，在该选项卡中启用【自动保存】复选框，并在【保存间隔分钟数】文本框中设置相应的数值。这样在以后的绘图过程中，系统即可以该数值为间隔时间，自动对文件进行存盘。

2. 文件加密

要执行图形加密操作，用户可以在快捷工具栏中单击【另存为】按钮，系统将打开【图形另存为】对话框，如图1-35所示。

图1-34 【打开和保存】选项卡   图1-35 【图形另存为】对话框

在该对话框的【工具】下拉菜单中选择【安全选项】选项，系统将打开【安全选项】对话框。此时，在【密码】选项卡的文本框中输入密码，并单击【确定】按钮，然后在打开的【确认密码】对话框中输入确认密码，即可完成文件的加密操作，如图1-36所示。

> 提示
>
> 为文件设置密码后，当打开加密文件时，系统要求用户输入正确的密码，否则将无法打开，这对需要保密的图纸非常重要。

图1-36 输入保密密码

1.3.3 关闭文件

当需要关闭当前的图形文件或指定的图形文件时，用户可以单击【菜单浏览器】按钮，在展开的菜单中选择【关闭】|【当前图形】|【所有图形】选项，或者在绘图窗口中直接单击【关闭】按钮，即可关闭相应的文件。

当关闭相应的图形文件时，如果当前图形没有保存，系统将弹出AutoCAD警告对话框，询问是否保存文件，如图1-37所示。此时，单击【是（Y）】按钮或者直接按Enter键可以保存当前图形文件并将其关闭；单击【否（N）】按钮可以关闭当前图形文件但不保存；单击【取

消】按钮可以取消关闭当前图形文件，即不保存也不关闭当前
图形文件。

　　如果当前所编辑的图形文件没有命名，那么当用户单击【是
（Y）】按钮后，系统将打开【图形另存为】对话框，要求确定图
形文件的存放位置和名称。

图 1-37　AutoCAD 警告对话框

1.4　对象选择

　　在 AutoCAD 中执行绘制或编辑操作，通常情况下需要首先选择相应的图形对象，然后
再进行相应的操作。这样所选择的对象便将构成一个集合，称为选择集。用户可以用一般的
方法进行选择，也可以使用夹点工具对图形进行简单地编辑操作。且在构造选择集的过程中，
被选中的对象通常将以虚线显示。

1.4.1　构造选择集

　　通过设置选择集的各选项，用户可以根据个人使用习惯对拾取框、夹点显示以及选择视
觉效果等方面的选项进行详细的设置，从而提高选择对象时的准确性和速度，达到提高绘图
效率和精确度的目的。

　　在命令行中输入 OPTIONS 指令，并按 Enter 键，系统将打开【选项】对话框。此时切换
至【选择集】选项卡，即可展开如图 1-38 所示的对话框界面。该选项卡中各选项组的含义分
别介绍如下。

1．拾取框和夹点大小

　　拾取框是指十字光标中部用
以确定拾取对象的方形图框，而夹
点则是图形对象被选中后，处于对
象端部、中点或控制点等处的矩形
或圆锥形实心标识。它们各自的大
小都可以通过该选项卡中的相应
选项进行详细的调整。

❑　调整拾取框大小

　　进行图形对象的点选时，只有
处于拾取框内的图形对象才可以
被选取。因此，在绘制较为简单的
图形时，用户可以将拾取框调大，
以便于图形对象的选取；反之，绘制复杂图形对象时，适当地调小拾取框的大小，可以避免
图形对象的误选取。

图 1-38　【选择集】选项卡

在【拾取框大小】选项组中拖动滑块即可改变拾取框的大小。且在拖动滑块的过程中，其左侧的调整框预览图标将动态显示调整框的实时大小，如图 1-39 所示。

❑ 调整夹点大小

夹点不仅可以标识图形对象的选取情况，用户还可以通过拖动夹点的位置对选取的对象进行相应的编辑。但需要注意的是，夹点在图形中的显示大小是恒定不变的，也就是说当选择的图形对象被放大或缩小时，只有对象本身的显示比例被调整，而夹点的大小不变。

图 1-39　调整拾取框大小效果

利用夹点编辑图形时，适当地将夹点调大可以提高选取夹点的方便性。此时如果图形对象较小，夹点出现重叠的现象，采用将图形放大的方法即可避免该现象的发生。夹点的调整方法同拾取框大小的调整方法相同，都是利用拖动调整滑块的方法调整，如图 1-40 所示。

> **提　示**
>
> 通过滑块调整拾取框或夹点的大小时，不仅可以直接拖动滑块进行调整，还可以单击激活相应的选项滑块，滚动鼠标的滚轮进行调整。

图 1-40　调整夹点大小效果

2．选择集预览

选择集预览就是当光标的拾取框移动到图形对象上时，图形对象以加粗或虚线的形式显示预览效果。用户可以通过启用该选项组中的相应复选框来调整图形预览与工具之间的关联方式，或通过单击【视觉效果设置】按钮对预览样式进行详细的调整。

❑ 命令处于活动状态时

启用该复选框后，只有当某个命令处于激活状态，并且命令提示行中显示"选取对象"提示时，将拾取框移动到图形对象上，该对象才会显示选择预览。

❑ 未激活任何命令时

该复选框的作用同上述复选框相反，即启用该复选框后，只有没有任何命令处于激活状态时，将拾取框移动到图形对象上才可以显示选择预览。

❑ 特性预览

启用该复选框，当用户对图形对象的特性进行编辑操作时，系统将同步显示修改后的图形效果。

❑ 视觉效果设置

选择集的视觉效果包括被选择对象的线型、线宽以及选择区域的颜色和透明度等，用户可以根据个人的使用习惯进行相应的调整。单击【视觉效果设置】按钮，系统将打开【视觉效果设置】对话框，如图1-41所示。该对话框中各选项组的含义分别介绍如下。

> **面亮显**

该复选框用于控制在三维建模环境下选取模型表面时的显示效果。当用户启用该复选框时，所选模型表面轮廓亮显的同时，轮廓内的面也以纹理填充方式亮显，效果如图1-42所示。

> **线亮显**

在该选项组中，包括3个用于定义选择集对象的线型和线宽预览显示效果的单选按钮。

图1-41　【视觉效果设置】对话框

其中，用户选择【虚线】单选按钮时，预览效果将以虚线的形式显示；选择【加粗】单选按钮时，预览效果将以加粗的形式显示；选择【同时应用两者】单选按钮时，预览效果将以虚线和加粗两种形式显示，如图1-43所示。

图1-42　面亮显选取效果

图1-43　线亮显选取预览效果

> **区域选择效果**

在进行多个对象的选取时，采用区域选择的方法可以大幅度地提高对象选取的效率。用户可以通过设置该选项组中的各选项调整选择区域的颜色、透明度以及区域显示的开、闭情况，效果如图1-44所示。

3．选择集模式

该选项组中包括6种用以定义选择集同命令之间的先后执行顺序、选择集的添加方式以及在定义与组或填充对象有关选择集时的各类详细设置，现分别介绍如下。

❑ **先选择后执行**

该复选框可以定义选择集与命令之间的先后次序。启用该复选框后，即表示需要先选择图形对象再执行操作，被执行的操作对之前选

图1-44　调整区域选择效果

择的对象产生相应的影响。

如利用【偏移】工具编辑对象时，用户可以先选择要偏移的对象，再利用【偏移】工具对图形进行偏移操作。这样可以在调用修改工具并选择对象后，省去按 Enter 键的操作，简化了操作步骤。但是并非所有命令都支持【先选择后执行】模式。例如【打断】、【圆角】和【倒角】等命令，这些命令需要先激活工具再定义选择集。

❑ **用 Shift 键添加到选择集**

该复选框用以定义向选择集中添加图形对象时的添加方式。默认情况下，该复选框处于禁用状态。此时要向选择集中添加新对象时，直接选取新对象即可。当用户启用该复选框后，系统将激活一个附加选择方式，即在添加新对象时，需要按住 Shift 键才能将多个图形对象添加到选择集中。

如果用户需要取消选择集中的某个对象，无论在两种模式中的任何一种模式下，按住 Shift 键选取该对象即可。

❑ **对象编组**

启用该复选框后，选择组中的任意一个对象时即可选择组中的所有对象。当用户将 PICKSTYLE 系统变量设置为 1 时可以设置该选项。

❑ **关联图案填充**

关联图案填充主要用在选择填充图形的情况。当启用该复选框时，如果选择关联填充的对象，则填充边界的对象也被选中。当用户将 PICKSTYLE 系统变量设置为 2 时可以设置该选项。

❑ **隐含选择窗口中的对象**

当启用该复选框后，用户可以在绘图区用鼠标拖动或者用定义对角点的方式定义选择区域，进行对象的选择。当禁用该复选框后，则无法使用定义选择区域的方式定义选择对象。

❑ **允许按住并拖动对象**

该复选框用以定义选择窗口的定义方式。当启用该复选框后，单击鼠标左键指定窗口的第一点后按住左键并拖动，在第二点位置松开即可确定选择窗口的大小和位置。当禁用该复选框后，用户需要在选择窗口的起点和终点分别单击鼠标左键，才能定义出选择窗口的大小和位置。

1.4.2 选取对象方式

在 AutoCAD 中，针对图形对象的复杂程度或选取对象数量的不同，系统提供了多种选择对象的方法，总的可以分为点选和区域选取两种选取方式，下面介绍几种常用的对象选择方法。

1. 直接选取

该方法也被称为点取对象，是最常用的对象选取方法。用户可以直接将光标拾取框移动到欲选取的对象上，并单击鼠标左键，即可完成对象的选取操作，效果如图 1-45 所示。

2．窗口选取

窗口选取是以指定对角点的方式定义矩形选取范围的一种选取方法。使用该方法选取对象时，只有完全包含在矩形框中的对象才会被选取，而只有一部分进入矩形框中的对象将不会被选取。

采用窗口选取方法时，用户可以首先单击确定第一个对角点，然后向右侧移动鼠标，此时选取区域将以实线矩形的形式显示。接着单击确定第二个对角点后，即可完成窗口选取。图 1-46 所示即是先确定点 A 再确定点 B 后，图形对象的选择效果。

3．交叉窗口选取

在交叉窗口模式下，用户无需将欲选择对象全部包含在矩形框中，即可选取该对象。交叉窗口选取与窗口选取模式很相似，只是在定义选取窗口时有所不同。

交叉选取是在确定第一点后，向左侧移动鼠标，选取区域将显示为一个虚线矩形框。此时再单击确定第二点，即第二点在第一点的左边，即可将完全或部分包含在交叉窗口中的对象均选中。图 1-47 所示即是先确定点 A 再确定点 B 的选择效果。

4．不规则窗口选取

不规则窗口选取是通过指定若干点的方式定义不规则形状的区域来选择对象，包括圈围和圈交两种选择方式。其中，圈围多边形窗口只选择完全包含在内的对象，而圈交多边形窗口可以选择包含在内或相交的对象。

在命令行中输入 SELECT 指令，按 Enter 键后输入"？"，然后根据命令行提示输入 WP 或 CP，即可通过定义端点的方式在绘图区中绘制相应的多边形区域来选取指定的图形对象。图 1-48 所示就是利用圈交方式选取图形对象的效果。

5．栏选选取

该选取方式能够以画链的方式选择对象。所绘制的线链可以由一段或多段直线组成，且所有与其相交的对象均被选择。

在命令行中输入 SELECT 指令，按 Enter 键后输入"？"。然后根据命令提示输入字母 F，在需要选择对象处绘制出线链，并按 Enter 键即可选取指定的对象，效果如图 1-49 所示。

图 1-45　直接选取

图 1-46　窗口选取

图 1-47　交叉窗口选取

图 1-48　不规则窗口选取

图 1-49　栏选效果

6．快速选择

快速选择是根据对象的图层、线型、颜色和图案填充等特性或类型来创建选择集，从而使用户可以准确地从复杂的图形中快速地选择满足某种特性要求的图形对象。

在命令行中输入 QSELECT 指令，并按 Enter 键，系统将打开【快速选择】对话框。在该对话框中指定对象应用的范围、类型以及欲指定类型相对应的值等选项后单击【确定】按钮，即可完成对象的选择，如图 1-50 所示。

图 1-50　快速选择

1.5　视图的控制

在绘制图形的过程中，为了更方便地观察图形的不同位置，用户可以对图形进行平移或缩放操作对图形进行相应的观察，还可以利用视图的重画和重生成工具更新视图，提高绘图的准确性和画面清晰度。

1.5.1　平移视图

使用平移视图工具可以重新定位当前图形在窗口中的位置，以便对图形其他部分进行浏览或绘制。此命令不会改变视图中对象的实际位置，只改变当前视图在操作区域中的位置。在 AutoCAD 中，平移视图工具包含【实时平移】和【定点平移】两种方式，现分别介绍如下。

1．实时平移

利用该工具可以使视图随光标的移动而移动，从而在任意方向上调整视图的位置。切换至【视图】选项卡，在【二维导航】选项板中单击【平移】按钮，此时鼠标指针将显示形状。然后按住鼠标左键并拖动，窗口中的图形将随着光标移动的方向而移动，按 Esc 键可退出平移操作，效果如图 1-51 所示。

> **提　示**
>
> 在绘图过程中为提高绘图的效率，用户平移视图时可以直接按住鼠标中键将视图移动到指定的位置，释放视图即可获得移动效果。

2. 定点平移

利用【定点平移】指令可以通过指定移动基点和位移值的方式进行视图的精确平移。在命令行中输入 MOVE 指令并选取要移动的对象，按 Enter 键后，此时屏幕中将显示一个"十"形光标。然后在绘图区中的适当位置单击鼠标左键指定基点，并偏移光标指定视图的移动方向。接着输入位移距离并按 Enter 键，或直接单击鼠标左键指定目标点，即可完成视图的定点平移，效果如图 1-52 所示。

图 1-51　实时平移视图

1.5.2　缩放视图

图 1-52　定点平移视图

通常在绘制图形的局部细节时，需要使用相应的缩放工具放大绘图区域，当绘制完成后，再使用缩放工具缩小图形来观察图形的整体效果。

切换至【视图】选项卡，在【二维导航】选项板中单击【范围】按钮右侧的黑色小三角，系统将打开【缩放】菜单。该菜单中包含了 11 种视图缩放工具，各工具的具体含义可以参照表 1-1。

表 1-1　视图缩放工具功能说明

工具名称	功能说明
范围	系统能够以屏幕上所有图形的分布距离为参照，自动定义缩放比例对视图的显示比例进行调整，使所有图形对象显示在整个图形窗口中
窗口	可以在屏幕上提取两个对角点以确定一个矩形窗口，之后系统将以矩形范围内的图形放大至整个屏幕。当使用【窗口】缩放视图时，应尽可能指定矩形对角点与当前屏幕形成一定的比例，才能达到最佳的放大效果
上一个	单击该按钮，可以将视图返回至上次显示位置的比例
实时	按住鼠标左键，通过向上或向下移动进行视图的动态放大或缩小操作。在使用【实时】缩放工具时，如果图形放大到最大程度，光标显示为 时，表示不能再进行放大；反之，如果缩小到最小程度，光标显示为 时，表示不能再进行缩小

工具名称	功能说明
全部	可以将当前视口缩放来显示整个图形。在平面视图中，所有图形将被缩放到栅格界限和当前范围两者中较大的区域中
动态	可以将当前视图缩放显示在指定的矩形视图框中。该视图框表示视口，可以改变它的大小，或在图形中移动
比例	执行比例缩放操作与居中缩放操作有相似之处。当执行比例缩放操作时，只需设置比例参数即可。例如，在命令行中输入 5X，可以使屏幕上的每个对象显示为原大小的 1/2
居中	缩放以显示由中心点及比例值或高度定义的视图。其中，设置高度值较小时，增加放大比例；反之，则减小放大比例。当需要设置比例值来相对缩放当前的图形时，可以输入带 X 的比例因子数值。例如，输入 2X 显示比当前视图放大两倍的视图
对象	能够以图中现有图形对象的形状大小为缩放参照，调整视图的显示效果
放大	能够以 2X 的比例对当前图形执行放大操作
缩小	能够以 0.5X 的比例对当前图形执行缩小操作

1.5.3 重画和重生成视图

利用重画和重生成工具可以将当前图形中的临时标记删除，以提高图形的清晰度和整体效果；或者对图形进行重生成更新，使某些操作对图生效，以提高图形的实时显示效果。

1．重画图形

在以前版本的 CAD 中绘制图形时，如果点标记模式为打开状态（点标记模式状态管理命令为 BLIPMODE），用户在对图形进行操作时会产生临时标记点，这些标记点不属于图形对象，往往还会对图形的显示效果产生负面影响。此时执行重画指令，可以在显示内存中更新屏幕，消除临时标记。但在 2012 版以后的 CAD 软件中，点标记功能被废弃，从产品中删除，系统默认点标记模式处于关闭状态。

在命令行中输入 REDRAW 指令，屏幕上或当前视图区域中的原图形消失，系统快速地将原图形重画一遍，但不会更新图形的数据库。

2．重生成图形

执行重生成操作，在当前视口中以最新的设置更新整个图形，并重新计算所有对象的屏幕坐标。另外，该命令还可以重新创建图形数据库索引，从而优化显示和对象选择的性能。该操作的执行速度与重画命令相比较慢，更新屏幕花费的时间较长。

在命令行中输入 REGEN 指令，即可完成图形对象的重生成操作。在 AutoCAD 中，某些操作只有在使用【重生成】命令后才生效。例如在命令行中输入 FILL 指令后输入 OFF 关闭图案填充显示，此时只有对图形进行重生成操作，图案填充才会关闭，效果如图 1-53 所示。

图 1-53　重生成图形显示效果

第 2 章

AutoCAD 2013 绘图基础

在系统学习一个软件之前,首要的工作就是熟悉了解该软件的各种相关知识。AutoCAD 作为专业化的绘图软件,具有与其他软件不同的特点和操作要求。作为 AutoCAD 软件的初学者,灵活掌握这些相关知识和基本操作方法是学好该软件的关键,也为以后进一步提高绘图能力打下坚实的基础。

本章主要介绍绘图环境的设置和图形的精确控制设置等绘图通用知识,并通过细致地讲解坐标系的使用和相关的图层管理操作方法,使用户对 AutoCAD 的绘图环境有进一步的了解。

本章学习目的:

➢ 掌握绘图环境的设置方法
➢ 掌握绘图控制的基本方法
➢ 熟悉坐标系的使用方法
➢ 掌握图层的相关操作和管理方法

2.1 绘图环境的设置

绘图环境是用户与 AutoCAD 软件的交流平台,能否构建一目了然、操作方便的绘图界面,直接关系着用户能否快捷、准确地完成设计任务。例如在 AutoCAD 中如何自定义系统的常规设置,如何设置图限和单位等内容。

2.1.1 设置参数选项

设置大部分绘图环境最直接的方法是使用【选项】对话框。在该对话框中可以分别设置图形显示、打开、打印和发布等参数。

要设置参数选项,用户可以在绘图区的空白处单击鼠标右键,在打开的快捷菜单中选择【选项】选项,系统将打开如图

2-1 所示的【选项】对话框。该对话框中各选项卡的具体设置内容分别介绍如下。

❑ **文件**

在该选项卡中用户可以确定 AutoCAD 各类支持文件、设备驱动程序文件、菜单文件和其他文件的搜索路径以及用户定义的一些设置。

❑ **显示**

在该选项卡中用户可以设置窗口元素、布局元素、显示精度、显示性能、十字光标大小和淡入度控制等显示属性。其中，在该选项卡中经常执行的操作为设置图形窗口的颜色，即单击【颜色】按钮，然后在打开的【图形窗口颜色】对话框中设置各类背景的颜色，如图 2-2 所示。

❑ **打开和保存**

在该选项卡中用户可以设置是否自动保存文件，指定保存文件时的时间间隔，是否维护日志以及是否加载外部参照等。

❑ **打印和发布**

在该选项卡中用户可以设置 AutoCAD 2013 的输出设备。默认情况下输出设备为 Windows 打印机。但在多数情况下为了输出较大幅面的图形，常使用专门的绘图仪。

❑ **系统**

在该选项卡中可以设置当前三维图形的显示特性、指定当前的定点设备、是否显示【OLE 文字大小】对话框以及是否允许设置长符号名等。

图 2-1 【选项】对话框

图 2-2 【图形窗口颜色】对话框

❑ **用户系统配置**

在该选项卡中用户可以设置是否使用快捷菜单，还可进行坐标数据输入优先级的设置。为了提高绘图的速度，避免重复使用相同命令，通常单击【自定义右键单击】按钮，在打开的【自定义右键单击】对话框中进行相应的设置，如图 2-3 所示。

❑ **绘图**

在该选项卡中用户可以进行自动捕捉的常规设置，指定对象捕捉标记框的颜色、大小和靶框的大小。且这些选项的具体设置需要配合状态栏的功能操作情况来确定。

❑ **三维建模**

在该选项卡中用户可以对三维绘图模式下的三维十字光标、三维对象和三维导航等参数选项进行设置。

❑ **选择集**

在该选项卡中用户可以设置选择集模式、拾取框大小及夹点大小等内容。若单击【视觉效果设置】按钮，则可以在打开的对话框中设置区分于其他图线的显示效果，如图2-4所示。

图2-3 【用户系统配置】选项卡   图2-4 【视觉效果设置】对话框

❑ **配置**

在该选项卡中用户可以实现新建系统配置文件、重命名系统配置文件以及删除系统配置文件等操作。

❑ **联机**

在该选项卡中用户可以设置使用 AutoCAD 360 联机工作的相关选项，并可以访问存储在 Cloud 账户中的设计文档。

2.1.2 设置绘图边界

图形界限就是 AutoCAD 的绘图区域，也称为图限。设置图形界限就是要标明工作区域和图纸的边界，让用户在设置好的区域中绘图，以避免所绘制的图形超出该边界从而在布局中无法正确显示。

在模型空间中设定的图形界限实际上是一假定的矩形绘图区域，用于规定当前图形的边界。在命令行中输入 LIMITS 指令，然后指定绘图区中的任意一点作为空间界限的左下角点，并输入相对坐标（@410，290）确定空间界限的右上角点。接着启用【栅格显示】功能，即可查看设置的图形界限效果，如图2-5所示。

2.1.3 设置图形单位

在 AutoCAD 中的任何图形总有其大小、精度和所采用的单位。屏幕上显示的仅为屏幕单位，但屏幕单位应该对应一个真实的单位，不同的单位其显示格式也不同。图形单位的相关设置主要是指设置长度和角度的类型、精度以及角度的起始方向。

单击窗口左上角按钮，在其下拉菜单中选择【图形实用工具】|【单位】选项，即可在打开的【图形单位】对话框中设置长度、角度以及插入时的缩放单位等参数选项，如图 2-6

所示。

1．设置长度

在【长度】选项组中，用户可以在【类型】下拉列表中选择长度的类型，并通过【精度】下拉列表指定数值的显示精度。其中，系统默认的长度类型为小数，精度为小数点后 4 位。

2．设置角度

在【角度】选项组中，用户可以在【类型】下拉列表中选择角度的类型，并通过【精度】下拉列表指定角度的显示精度。

图 2-5　栅格显示的图形界限

其中，角度的默认方向为逆时针，如果启用【顺时针】复选框，则系统将以顺时针方向作为正方向。

3．设置插入比例

在该选项组中，用户可以设置插入块时所应用的缩放单位，包括英寸、码和光年等。系统默认的插入时的缩放单位为"毫米"。

4．设置方向

单击【方向】按钮，即可在打开的【方向控制】对话框中设定基准角度的 0° 方向。一般情况下，系统默认的正东方向为 0° 方向。

图 2-6　【图形单位】对话框

如果要设定除东、南、西、北 4 个方向以外的方向为 0° 方向，用户可以选择【其他】单选按钮。此时，【角度】文本框将被激活。用户可以单击【拾取角度】按钮，然后在绘图区中选取一个角度或直接输入一个角度作为基准角度的 0° 方向，如图 2-7 所示。

2.2　图形的精确控制

在工程设计过程中，用户尽管可以通过移动光标来指定点的位置，却很难精确指定对象的某些特殊位置。在 AutoCAD 中，通过启用捕捉、自动追踪、栅格和动态输入等功能，既可以精确地指定绘图位置，还可以实时显示绘图状态，进而提高绘图效率。

图 2-7　设置基准角度方向

2.2.1　对象捕捉

用户在绘图过程中常常需要在一些特殊几何点之间连线，如通过圆心、线段的中点或端点等。虽然有些点可以通过输入坐标值来精确定位，但有些点的坐标是难以计算出来的，且通过输入坐标值进行定位的方法过于繁琐，耗费大量时间。此时，用户可以利用软件提供的对象捕捉工具来快速准确地捕捉这些特殊点。在 2013 版 AutoCAD 中，启用对象捕捉有以下 4 种方式。

图 2-8　捕捉特殊点

1．工具栏

在绘图过程中，当要求指定某点时，用户可以在【对象捕捉】工具栏中单击相应的特征点按钮，然后将光标移动到捕捉对象的特征点附近，即可捕捉到相应的点。图 2-8 所示就是在绘图过程中单击【捕捉到切点】按钮◎捕捉圆弧切点的效果。

> **提示**
>
> 在【草图与注释】工作空间中，用户可以通过【视图】选项卡中的【工具栏】下拉菜单调出【对象捕捉】工具栏，其具体操作方法是：切换至【视图】选项卡，在【用户界面】选项板中单击【工具栏】按钮▤，然后选择【AutoCAD】|【对象捕捉】选项即可。

2．右键快捷菜单

使用右键快捷菜单指定捕捉类型是一种常用的捕捉设置方式。该方式与【对象捕捉】工具栏具有相同的效果，但操作更加方便。在绘图过程中按住 Shift 键并单击鼠标右键，系统将打开【对象捕捉】快捷菜单，如图 2-9 所示。在该菜单中选择指定的捕捉选项即可执行相应的对象捕捉操作。

3．草图设置

前两种方式仅对当前操作有效，当命令结束后，捕捉模式将自动关闭。所以用户可以通过草图设置捕捉模式来定位相应的点。当启用该模式时，系统将根据事先设定的捕捉类型自动寻找几何对象上的点。

在状态栏中的【对象捕捉】功能按钮▫上右击，并选择【设置】选项，系统将打开【草图设置】对话框，如图 2-10 所示。此时，用户即可在该对话框的【对象捕捉】选项卡中启用相应的复选框，指定所需的对象捕捉点的类型。

图 2-9　【对象捕捉】快捷菜单

4．输入命令

在绘制或编辑图形时捕捉特殊点，也可以通过在命令行中输入捕捉命令（例如中点捕捉命令为 MID、端点捕捉命令为 ENDP）来实现该操作。例如，利用【直线】工具指定一点后，可以通过在命令行中输入 TAN 指令来捕捉圆弧的切点，效果如图 2-11 所示。此外，捕捉各个特殊点的快捷键和具体操作方法可以参照表 2-1。

图 2-10 【对象捕捉】选项卡

图 2-11 输入命令捕捉特殊点

表 2-1 常用对象捕捉方式的功能

对象捕捉类型	快捷键	含义	操作方法
临时追踪点	TT	创建对象捕捉所使用的临时点	用户将光标从几何对象上现有点（需要单击选取该点）开始移动时，系统沿该对象显示双侧捕捉辅助线和捕捉点的相对极坐标，用户输入偏移距离后即可定位新点
捕捉自	FROM	从临时参照点偏移捕捉至另一个点	启用【捕捉自】模式后，先指定几何对象上一点作为临时参照点即基点。然后输入偏移坐标，即可确定捕捉目标点相对于基点的位置
捕捉到端点	ENDP	捕捉线段、圆弧等几何对象的端点	启用【端点】捕捉后，将光标移动到目标点附近，系统将自动捕捉该端点
捕捉到中点	MID	捕捉线段、圆弧等几何对象的中点	启用【中点】捕捉后，将光标的拾取框与线段或圆弧等几何对象相交，系统将自动捕捉中点
捕捉到交点	INT	捕捉几何对象间现有或延伸交点	启用【交点】捕捉后，将光标移动到目标点附近，系统将自动捕捉该点；如果两个对象没有直接相交，可先选取一对象，再选取另一对象，系统将自动捕捉到交点
捕捉到外观交点	APPINT	捕捉两个对象的外观交点	在二维空间中该捕捉方式与捕捉交点相同。但该捕捉方式还可在三维空间中捕捉两个对象的视图交点（在投影视图中显示相交，但实际上并不一定相交）
捕捉到延长线	EXT	捕捉线段或圆弧的延长线	用户将光标从几何对象端点开始移动时（不需要单击选取该点），系统沿该对象显示单侧的捕捉辅助线和捕捉点的相对极坐标，输入偏移距离后，即可定位新点

续表

对象捕捉类型	快捷键	含义	操作方法
捕捉到圆心 ◎	CEN	捕捉圆、圆弧或椭圆的中心	启用【圆心】捕捉后,将光标的拾取框与圆弧、椭圆等几何对象相交,系统将自动捕捉这些对象的中心点
捕捉到象限点 ◈	QUA	捕捉圆、圆弧或椭圆的 0°、90°、180°、270° 的点	启用【象限点】捕捉后,将光标拾取框与圆弧、椭圆等几何对象相交,系统将自动捕捉距拾取框最近的象限点
捕捉到切点 ◌	TAN	捕捉圆、圆弧或椭圆的切点	启用【切点】捕捉后,将光标的拾取框与圆弧、椭圆等几何对象相交,系统将自动捕捉这些对象的切点
捕捉到垂足 ⊥	PER	捕捉线段、或圆弧的垂足点	启用【垂足】捕捉后,将光标的拾取框与线段、圆弧等几何对象相交,系统将自动捕捉这些对象的垂足点
捕捉到平行线 ⫽	PAR	平行捕捉,可用于绘制平行线	绘制平行线时,指定一点为起点。然后启用【平行线】捕捉,并将光标移至另一直线上,该直线上将显示平行线符号。再移动光标将显示平行线效果,此时输入长度即可
捕捉到插入点 ⊡	INS	捕捉文字、块、图形的插入点	启用【插入点】捕捉后,将光标的拾取框与文字或块等对象相交,系统将自动捕捉这些对象的插入点
捕捉到节点 ∘	NOD	捕捉利用【点】工具创建的点	启用【节点】捕捉后,将光标的拾取框与点或等分点相交,系统将自动捕捉到这些点
捕捉到最近点 ⋌	NEA	捕捉距离光标最近的几何对象上的点	启用【最近点】捕捉后,将光标的拾取框与线段或圆弧等对象相交,系统将自动捕捉这些对象上离光标最近的点

2.2.2　自动追踪

在绘制具有多角度的图形时,为提高设计效率可以使用自动追踪功能辅助操作。使用该类功能可以按照指定的角度绘制图形对象,或者绘制与其他对象有特定关系的图形对象。在 AutoCAD 中,自动追踪主要有以下两种功能。

1.　极轴追踪

极轴追踪是按事先设置的角度增量来追踪特征点的。该追踪功能通常是在指定一个点时,按预先设置的角度增量显示一条无限延伸的辅助线,这时就可以沿辅助线追踪获得光标点。在绘制二维图形时常利用该功能绘制倾斜的直线。

在状态栏中的【极轴追踪】功能按钮 ∠ 上右击,并选择【设置】选项,即可在打开对话框的【极轴追踪】选项卡中设置极轴追踪对应的参数选项,如图 2-12 所示。

在该对话框的【增量角】下拉列表中选择系统预设的角度,即可设置新的极轴角;如果该下拉列表中的角度不能满足需要,用户可以启用【附加角】复选

图 2-12　【极轴追踪】选项卡

框，并单击【新建】按钮，然后在文本框中输入新的角度即可。图 2-13 所示为设置新建附加角角度值为 80°，绘制角度线将显示该附加角的极轴跟踪。

此外，在【极轴角测量】选项组中可以设置极轴对齐角度的测量基准。其中，选择【绝对】单选按钮可基于当前 UCS 坐标系确定极轴追踪角度；选择【相对上一段】单选按钮可基于最后所绘的线段确定极轴追踪的角度。

> **提示**
>
> 极轴角是按照系统默认的逆时针方向进行测量的，而极轴追踪线的角度是根据追踪线与 X 轴的最近角度测量的，因此极轴追踪线的角度最大值为 180°。

图 2-13　设置极轴追踪角度

2．对象捕捉追踪

当不知道具体角度值但知道特定的关系时，用户可以通过进行对象捕捉追踪来绘制某些图形对象。对象捕捉追踪按照对象捕捉设置对相应的捕捉点进行追踪。因此在追踪对象捕捉到的点之前，用户必须先打开对象捕捉功能。

依次启用状态栏中的【对象捕捉追踪】功能按钮☑和【对象捕捉】功能按钮▢，然后在绘图区中选取一端点作为追踪参考点，并沿极轴角方向显示的追踪路径确定第一点，接着继续沿该极轴角方向显示的追踪路径确定第二点即可绘制相应的直线，效果如图 2-14 所示。

从追踪参考点进行追踪的方向可以在【极轴追踪】选项卡中的【对象捕捉追踪设置】选项组中进行设置，该选项组中两个选项的含义如下所述。

图 2-14　沿极轴角方向绘制直线

- ❑ **仅正交追踪**　选择该单选按钮，系统将在追踪参考点处显示水平或竖直的追踪路径。
- ❑ **用所有极轴角设置追踪**　选择该单选按钮，系统将在追踪参考点处沿预先设置的极轴角方向显示追踪路径。

> **提示**
>
> 在实际绘图过程中常将【极轴追踪】和【对象捕捉追踪】功能结合起来使用，这样既能方便地沿极轴方向绘制线段，又能快速地沿极轴方向定位点。

2.2.3　栅格和正交

在绘图过程中，用户尽管可以通过移动光标来指定点的位置，却很难精确地指定对象的某些特殊位置。为提高绘图的速度和效率，通常使用栅格和正交功能辅助绘图。其中，使用栅格功能可以快速地指定点的位置，使用正交功能可以使光标沿垂直或平行方向移动。

1．栅格

栅格是指点或线的矩阵遍布指定为栅格界限的整个区域。使用栅格类似于在图形下放置一张坐标纸，以提供直观的距离和位置参照。

启用状态栏中的【栅格显示】功能按钮▦，屏幕上将显示当前图限内均匀分布的点或线，如图 2-15 所示。

使用栅格功能不仅可以控制其间距、角度和对齐，而且可以设置显示样式和区域，以及控制主栅格频率等，现分别介绍如下。

❑ 控制栅格的显示样式和区域

栅格具有两种显示方式：点栅格和线栅格。其中点栅格方式为系统默认的显示方式，而当视觉样式不是二维线框时将显示为线栅格。

展开【视图】选项卡，在【视觉样式】下拉列表中指定其他视觉样式即可将栅格样式设置为线或点，效果如图 2-16 所示。

要修改栅格覆盖的区域，用户可以在命令行中输入 LIMITS 指令，然后按照命令行提示分别输入位于栅格界限左下角和右上角的点的坐标值即可。

❑ 控制主栅格线的频率

如果栅格以线显示，则颜色较深的线（称为主栅格线）将间隔显示。在以十进制单位或英尺和英寸绘图时，主栅格线对于快速测量距离尤其有用。

要设置主栅格线的频率，可以在状态栏的【栅格显示】功能按钮上右击，并选择【设置】选项。然后在打开对话框的【栅格 X 轴间距】和【栅格 Y 轴间距】文本框中输入间距值，即可控制主栅格线的频率，如图 2-17 所示。

该对话框的【栅格行为】选项组用于设置视觉样式下栅格线的显示样式（三维线框除外），各复选框的含义如下所述。

> ➢ **自适应栅格** 启用该复选框，可以限制缩放时栅格的密度。

图 2-15　启用【栅格显示】功能

图 2-16　栅格的两种显示形式

图 2-17　设置栅格间距

➢ **允许以小于栅格间距的间距再拆分** 启用该复选框，能够使用小于指定栅格间距的间距来拆分该栅格。

➢ **显示超出界限的栅格** 启用该复选框，系统将全屏显示栅格。

➢ **遵循动态 UCS** 启用该复选框，系统将跟随动态 UCS 的 XY 平面而改变栅格平面。

> **提 示**
>
> 控制主栅格的主频率的另一种方法是：在命令行中输入 GRIDDISPLAY 指令后，输入该栅格频率参数，该参数在 0~15 之间。

❑ **更改栅格角度**

在绘图过程中如果需要沿特定的对齐或角度绘图，用户可以通过 UCS 坐标系来更改栅格角度。此旋转操作将十字光标在屏幕上重新对齐以与新的角度匹配。利用该方法可以在二维环境中快速绘制倾斜的线段。

在命令行中输入 SNAPANG 指令，可以修改栅格角度。图 2-18 所示为修改栅格角度为 45°，与固定支架的角度一致，以便于绘制相关的图形对象。

图 2-18　更改栅格角度

2．正交

在绘图过程中使用正交功能可以将光标限制在水平或垂直方向上移动，以便于精确地绘制和修改对象。

启用状态栏中的【正交模式】功能按钮，这样在绘制和编辑图形对象时，拖动光标将受到水平和垂直方向限制，无法随意拖动，效果如图 2-19 所示。

图 2-19　启用正交模式前后对比

> **技 巧**
>
> 按 F7 键可以启用或禁用栅格模式；按 F9 键可以启用或禁用捕捉模式；按 F8 键可以启用或禁用正交模式。

2.2.4　动态输入

启用状态栏中的【动态输入】功能，系统将会在指针位置处显示命令提示信息、光标点的坐标值以及线段的长度和角度等内容，以帮助用户专注于绘图区域，从而极大地提高设计效率，且这些信息会随着光标的移动而动态更新。

在状态栏中启用【动态输入】功能按钮即可启用动态输入功能。如果右击该功能按钮，并选择【设置】选项，系统将打开【动态输入】选项卡，如图 2-20 所示。该选项卡中包含指针输入和标注输入两种动态输入方式，现分别介绍如下。

1．指针输入

当启用指针输入且有命令在执行时，十字光标的位置将在光标附近的工具栏提示中显示为坐标。此时，用户可以在工具栏提示中输入坐标值，而不用在命令行中输入，如图 2-21 所示。

在使用指针输入指定坐标点时，第二个点和后续点的默认设置为相对极坐标。如果需要使用绝对极坐标，则需使用井号前缀（#）。此外，在【指针输入】选项组中单击【设置】按钮，系统将打开【指针输入设置】对话框。用户可以在该对话框中设置指针输入的格式和可见性，如图 2-22 所示。

图 2-20　【动态输入】选项卡

图 2-21　通过指针输入绘制直线

> **提　示**
>
> 在【动态输入】选项卡中单击【绘图工具提示外观】按钮，用户即可在打开的【工具提示外观】对话框中设置指针输入的显示方式，如指针输入文本框的大小和透明度等。

2．标注输入

启用标注输入功能，当命令提示输入第二点时，工具栏提示将显示距离和角度值，且两者的值随着光标的移动而改变。此时按 Tab 键即可切换到要更改的值，如图 2-23 所示。

图 2-22　【指针输入设置】对话框

图 2-23　通过标注输入绘制直线

要进行标注输入的设置，单击【标注输入】选项组中的【设置】按钮即可在打开的【标注输入的设置】对话框中设置标注输入的可见性，如图 2-24 所示。

2.3 使用坐标系

与传统的手工绘图相比较，使用 AutoCAD 软件绘图的优势之一就是该软件为用户提供了众多的辅助绘图工具。如利用捕捉和栅格功能可以控制光标的精确移动，利用正交和极轴追踪功能可以绘制水平、垂直和倾斜直线。特别是坐标系的应用，为用户快速准确地定位点提供了极大的方便。

图 2-24 【标注输入的设置】对话框

2.3.1 坐标系的分类

在 AutoCAD 中，坐标系按不同的类别分为世界坐标系和用户坐标系以及直角坐标系和极坐标系两大类，现分别介绍如下。

1．世界坐标系和用户坐标系

启动 AutoCAD 或新建图形文件时，系统默认坐标系为世界坐标系（WCS），而用户通过改变坐标系原点或旋转坐标轴而创建的坐标系为用户坐标系（UCS），如图 2-25 所示。

在二维视图中，世界坐标系的 X 轴成水平方向，Y 轴成垂直方向。且规定沿 X 轴向右和 Y 轴向上的位移为正方向，X 轴和 Y 轴的交点为世界坐标系的原点。

2．直角坐标系和极坐标系

直角坐标系又称为笛卡儿坐标系，它由一个原点和两个通过原点的、互相垂直的坐标轴构成。该坐标系的样式与世界坐标系相同，且平面上任何一点都可以由 X 轴和 Y 轴的坐标定义，即用一对坐标值（x，y）来定义一个点。图 2-26 所示就是输入一对直角坐标值确定圆心位置绘制圆的效果。

极坐标系是由一个极点和一个极轴构成的，极轴的方向为水平向右。平面上的任何一点都可以由该点到极点的连线长度 L（L<0）与连线和极轴的夹角 a（极角，逆时针方向为正）定义，即用一对

图 2-25 世界坐标系和用户坐标系

图 2-26 输入直角坐标值确定圆心

坐标值（L<a）来定义一个点，其中"<"表示角度。图 2-27 所示就是输入一对极坐标值确定圆心位置绘制圆的效果。

2.3.2　坐标的输入法

为了体现出精确性，在绘制图形的过程中，点必须要精确定位。AutoCAD 软件提供了两种精确定位的坐标输入法，即绝对坐标输入法和相对坐标输入法。

图 2-27　输入极坐标值确定圆心

1. 绝对坐标输入法

选用该方法创建点时，任何一个点都是相对于同一个坐标系的坐标原点，也就是世界坐标系的原点来创建的，参照点是固定不变的。在直角坐标系和极坐标系中，点的绝对坐标输入形式分别如下所述。

❏ **绝对直角坐标系**

该方式表示目标点从坐标系原点出发的位移。用户可以使用整数和小数等形式表示点的 X、Y 坐标值，且坐标间用逗号隔开，如（9，10），（1.5，3.5）。

❏ **绝对极坐标系**

该方式表示目标点从坐标系原点出发的距离，以及目标点和坐标系原点连线（虚拟）与 X 轴之间的夹角。其中距离和角度用 "<" 隔开，且规定 X 轴正向为 0°，Y 轴正向为 90°，逆时针旋转角度为正，顺时针旋转角度为负，如（20<30），（15<-30）。

2. 相对坐标输入法

选用该方法创建点时，所创建的每一个点不再是参照同一个坐标系原点来完成的，坐标原点时时在变，创建的任一点都是相对于上一个点来定位的。在创建过程中，上一点是下一点的坐标原点，参照点时时在变。

在直角坐标系和极坐标系中使用该方法输入点坐标时，表示目标点相对于上一点的 X 轴和 Y 轴位移，或距离和角度。它的表示方法是在相应的绝对坐标表达式前加上"@"符号，如（@9，10），（@20<30），其中相对极坐标中的角度是目标点和上一点连线与 X 轴的夹角。

2.3.3　坐标值的显示

AutoCAD 操作界面底部左边的状态栏显示着当前光标所处位置的坐标值，如图 2-28 所示。该坐标值主要有以下几种显示状态。

图 2-28　光标坐标值显示

❏ **绝对坐标状态** 显示光标所在位置的坐标。

❏ **相对极坐标状态** 在相对于上一点来指定第二点时可使用该状态。

❏ **关闭状态** 在关闭状态下坐标值颜色
变为灰色，并"冻结"关闭时所显示的
坐标值。

用户可以在状态栏中显示坐标值的区域双
击进行各状态之间的切换，也可以在该区域单
击鼠标右键打开快捷菜单，然后选择所需的状
态进行切换，如图 2-29 所示。

图 2-29 切换坐标显示状态

2.4 图层操作

图层相当于绘图中使用的重叠图纸，且通
常情况下图形都是由一层或多层图层组成的。利用 AutoCAD 提供的图层设置，用户可以创
建出符合国家规定的各种图线样式，如用于绘制可见轮廓线的粗实线，用于绘制不可见轮廓
线的虚线，用于绘制轴线和对称中心线的细点划线，以及用于绘制尺寸线和剖面线的细实线
等。对图层进行合理的划分，采用规范的命名，会使绘图过程更加清晰有序。

2.4.1 图层特性管理器

图层是将图形中的对象按类进行分组
管理的工具。通过分层管理可以利用图层的
特性来区分不同的对象，以便于图形的修改
和使用。在 AutoCAD 中，图层的特性包括
线型、线宽和颜色等内容。且通常情况下在
绘制图样之前，应该根据国家制图标准创建
不同的图层来表达零件的结构形状。

在【图层】选项板中单击【图层特性】
按钮，系统将打开【图层特性管理器】对
话框，如图 2-30 所示。该对话框的左侧为树

图 2-30 【图层特性管理器】对话框

状过滤器窗口，右侧为图层列表窗口。该对话框中包含多个功能按钮和参数选项，其具体含
义可以参照表 2-2。

表 2-2 【图层特性管理器】对话框中各按钮选项含义

按钮和选项	含义及设置方法
新建图层	单击该按钮，可以在【图层列表】窗口中新建一个图层
新建冻结图层	单击该按钮，可以创建在所有视口中都被冻结的新图层
置为当前	单击该按钮，可以将选中的图层切换为当前活动图层

续表

按钮和选项	含义及设置方法
新建特性过滤器	单击该按钮，系统将打开【图层过滤器特性】对话框。在该对话框中用户可以通过定义图层的特性来选择所有符合特性的图层，而过滤掉所有不符合条件的图层。这样可以通过图层的特性快速地选择所需的图层
新建组过滤器	单击该按钮，可以在【树状过滤器】窗口中添加【组过滤器】文件夹，然后用户可以选择图层，并拖到该文件夹，以对图层列表中的图层进行分组，达到过滤图层的目的
图层状态管理器	单击该按钮，可以在打开的【图层状态管理器】对话框中管理图层的状态
反转过滤器	启用该复选框，在对图层进行过滤时，可以在图层列表窗口中显示所有不符合条件的图层
设置	单击该按钮，可以在打开的【图层设置】对话框中控制何时发出新图层通知，以及是否将图层过滤器应用到【图层】工具栏。此外，通过它还可以控制图层特性管理器中视口替代的背景色

2.4.2　新建图层

通常在绘制新图形之前，用户可以首先创建并命名多个图层，或者在绘图过程中根据需要随时增加相应的图层。而当创建一个图层后，用户往往需要设置该图层的线型、线宽、颜色和显示状态，并且根据需要随时指定不同的图层为当前图层。

在【图层】选项板中单击【图层特性】按钮，并在打开的对话框中单击【新建图层】按钮，系统将打开一个新的图层。此时用户即可输入该新图层的名称，并设置该图层的颜色、线型和线宽等多种特性，如图2-31所示。且为了便于区分各类图层，用户应取一个能表征图层上图元特性的新名字取代默认名，使之一目了然，便于管理。

如果用户在创建新图层前没选中任何图层，则新创建图层的特性与0层相同；如果用户在创建前选中了其他图层，则新创建的图层特性与选中的图层具有相同的颜色、线型和线宽等特性，效果如图2-32所示。

此外，用户也可以利用快捷菜单来新建图层，其设置方法是：在【图层特性管理器】对话框中的图层列表框空白处单击右键，在打开的快捷菜单中选择【新建图层】选项，即可创建新的图层，如图2-33所示。

图 2-31　新建各种图层

图 2-32　新建指定的图层

用户为新图层指定了名称后，图层特性管理器将会按照名称的字母顺序排列各个图层。如果要创建自己的图层方案，则用户需要系统地命名图层的名称，即使用共同的前缀命名有相关图形部件的图层。

提　示

在绘图或修改图形时,屏幕上总保留一个"当前层"。在 AutoCAD 中有且只能有一个当前层,且新绘制的对象只能位于当前层上。但当用户修改图形对象时,则不管对象是否在当前层,都可以进行修改。

图 2-33　利用快捷菜单新建图层

2.4.3　图层设置

每个图层都有与其相关联的颜色、线型和线宽等属性信息,其中对象颜色有助于辨别图样中的相似对象,线型和线宽可以表示不同类型的图形元素。在创建新的图层后,用户可以对这些信息进行相应的设定或修改。

1.　颜色设置

对象颜色将有助于辨别图样中的相似对象。新建图层时,通过给图形中的各个图层设置不同的颜色,用户可以直观地查看图形中各部分的结构特征,同时也可以在图形中清楚地区分每个图层。

要设置图层的颜色,用户可以在【图层特性管理器】对话框中单击【颜色】列表项中的色块,系统将打开【选择颜色】对话框,如图 2-34 所示。该对话框中主要包括以下 3 种设置图层颜色的方法。

❑　**索引颜色**

索引颜色又称为 ACI 颜色,它是在 AutoCAD 中使用的标准颜色。每种颜色用一个 ACI 编号标识,即 1～255 之间的整数,例如红色为 1,黄色为 2,绿色为 3,青色为 4,蓝色为 5,品红色为 6,白色/黑色为 7,标准颜色仅适用于 1～7 号颜色。当选择某一颜色为绘图颜色后,AutoCAD 将以该颜色绘图,不再随所在图层的颜色变化而变化。

切换至【索引颜色】选项卡后,将出现 ByLayer 和 ByBlock 两个按钮:用户单击 ByLayer 按钮时,所绘对象的颜色将与当前图层的绘图颜色相一致;单击 ByBlock 按钮时,所绘对象的颜色为白色。

图 2-34　【选择颜色】对话框

❑　**真彩色**

真彩色使用 24 位颜色来定义显示 1600 万种颜色。用户指定真彩色时,可以使用 HSL 或 RGB 颜色模式,如图 2-35 所示。这两种模式的含义分别介绍如下。

➤　**HSL 颜色模式**

HSL 颜色是描述颜色的另一种方法，它是符合人眼感知习惯的一种模式。它是由颜色的三要素组成，分别代表着 3 种颜色要素：H 代表色调、S 代表饱和度、L 代表亮度。通常如果一幅图像有偏色、整体偏亮、整体偏暗或过于饱和等缺点，可以在该模式中进行调节。

图 2-35　真彩色的两种模式

> **RGB 颜色模式**

RGB 颜色通常用于光照、视频和屏幕图像编辑，也是显示器所使用的颜色模式，分别代表着 3 种颜色：R 代表红色、G 代表绿色、B 代表蓝色。通过这 3 种颜色可以指定颜色的红、绿、蓝组合。

❑ **配色系统**

在该选项卡中，用户可以从所有颜色中选择程序事先配置好的专色，且这些专色是被放置于专门的配色系统中。在该程序中主要包含 3 个配色系统，分别是 PANTONE、DIC 和 RAL，它们都是全球流行的色彩标准（国际标准）。

在该选项卡中选择颜色大致需要 3 步：首先在【配色系统】下拉列表中选择一种类型，然后在右侧的选择条中选择一种颜色色调，接着在左侧的颜色列表中选择具体的颜色编号即可，如图 2-36 所示。

图 2-36　选择配色系统指定颜色

提　示

各行业均以国际色卡为基准，可以从千万色彩中明确一种特定的颜色。例如 PANTONE 色卡中包含 1900 多个色彩，各种色彩均标有统一的颜色编号，在国际上通用。

2．线型设置

线型是图形基本元素中线条的组成和显示方式，如虚线、中心线和实线等。通过设置线型可以从视觉上很轻易地区分不同的绘图元素，便于查看和修改图形。此外，对于虚线和中心线这些由短横线或空格等构成的非连续线型，还可以设置线型比例来控制其显示效果。

❑ **指定或加载线型**

AutoCAD 提供了丰富的线型，它们存放在线型库 ACAD.LIN 文件中。在设计过程中，用户可以根据需要选择相应的线型来区分不同类型的图形对象，以符合行业的标准。

要设置图层的线型，可以在【图层特性管理器】对话框中单击【线型】列表项中的任一线型, 然后在打开的【选择线型】对话框中选择相应的线型即可。如果没有所需线型, 可在该对话框中单击【加载】按钮, 在打开的新对话框中选择需要加载的线型, 并单击【确定】按钮, 即可加载该新线型, 如图 2-37 所示。

图 2-37　加载新线型

❑　**修改线型比例**

在绘制图形的过程中, 经常遇到细点划线或虚线的间距太小或太大的情况, 以至于无法区分点划线与实线。为解决这个问题, 用户可以通过设置图形中的线型比例来改变线型的显示效果。

要修改线型比例, 可以在命令行中输入 LINETYPE 指令, 系统将打开【线型管理器】对话框。在该对话框中单击【显示细节】按钮, 将激活【详细信息】选项组。用户可以在该选项组中修改全局比例因子和当前对象的缩放比例, 如图 2-38 所示。这两个比例因子的含义分别介绍如下。

➤　**全局比例因子**

设置该文本框的参数可以控制线型的全局比例, 将影响到图形中所有非连续线型的外观: 其值增加时, 将使非连续线型中短横线及空格加长; 反之将使其缩短。当用户修改全局比例因子后, 系统将重新生成图形, 并使所有非连续线型发生相应的变化。如图 2-39 所示, 将全局比例因子由 1 修改为 3, 零件图中的中心线会发生相应的变化。

➤　**当前对象缩放比例**

在绘制图形的过程中, 为了满足设计要求和让视图更加清晰, 用户需要对不同对象设置不同的线型比例, 此时就必须单独设置对象的比例因子, 即设置当前对象的缩放比例参数。

图 2-38　【线型管理器】对话框

图 2-39　全局比例对非连续线型的影响

在默认情况下, 当前对象的缩放比例参数值为 1, 该因子与全局比例因子同时作用在新绘制的线型对象上。新绘制对象的线型最终显示缩放比例是两者间的乘积, 如图 2-40 所示。

3. 线宽设置

线宽是指用宽度表现对象的大小和类型。设置线宽就是改变线条的宽度,通过控制图形显示和打印中的线宽,可以进一步区分图形中的对象。此外,使用线宽还可以用粗线和细线清楚地表现出部件的截面、边线、尺寸线和标记等,提高了图形的表达能力和可读性。

要设置图层的线宽,用户可以在【图层特性管理器】对话框中单击【线宽】列表项的线宽样图,系统将打开【线宽】对话框,如图 2-41 所示。在该对话框的【线宽】列表框中即可指定所需的各种尺寸的线宽。

图 2-40　设置新绘制非连续线型的比例

此外,用户还可以根据设计的需要设置线宽的单位和显示比例。在命令行中输入 LWEIGHT 指令,系统将打开【线宽设置】对话框,如图 2-42 所示。在该对话框中即可设置线宽单位和调整指定线宽的显示比例,各选项的具体含义分别介绍如下。

- ❑ **列出单位**　在该选项组中可以指定线宽的单位,可以是毫米或英寸。
- ❑ **显示线宽**　启用该复选框,线型的宽度才能显示出来。用户也可以直接启用软件界面状态栏上的【线宽】功能按钮 ➕ 来显示线宽效果。
- ❑ **默认**　在该下拉列表中可以设置默认的线宽参数值。
- ❑ **调整显示比例**　在该选项区中可以通过拖动滑块来调整线宽的显示比例大小。

图 2-41　【线宽】对话框

2.4.4　重命名图层

在创建图层并命名和设置特性后,为了方便记忆和选取图层,用户可以对指定的图层进行重新命名的操作。在 AutoCAD 中,用户可以通过以下两种方式对图层进行重命名的操作。

图 2-42　【线宽设置】对话框

1. 常规方式

在【图层特性管理器】对话框中慢双击要重命名的图层名称,使其变为待修改的状态,然后输入新名称即可,如图 2-43 所示。

2. 快捷菜单方式

在【图层特性管理器】对话框中选择要重命名的图层,并单击鼠标右键,在打开的快捷菜单中选择【重命名图层】选项，即可输入新的图层名称，如图 2-44 所示。

图 2-43　常规重命名图层　　　　　　图 2-44　通过快捷菜单重命名图层

2.5　图层管理

在 AutoCAD 中，如果零件图中包含大量的信息，且具有很多图层，用户便可以通过对图层的特性管理达到高效绘制或编辑图形的目的。一般情况下，图层管理主要包括将图层置为当前、打开与关闭图层、冻结与解冻图层、锁定与解锁图层以及合并和删除图层等相关操作。

2.5.1　图层置为当前

创建多个图层并命名和设置特性后，在绘图过程中就需要不断切换图层，将指定图层切换为当前层，这样创建的图形对象将默认为该图层。一般情况下，将图层置为当前层有以下两种方式。

1．常规置为当前层

在【图层特性管理器】对话框的【状态】列中，显示图标为✔的图层表示该图层为当前层。要切换指定的图层，用户只需在【状态】列中双击相应的图层，使其显示✔图标即可，如图 2-45 所示。

2．指定图层置为当前层

在绘图区中选取要置为当前层的图形

图 2-45　设置图层为当前层

对象，此时在【图层】选项板中将显示该对象所对应的图层列表项。然后单击【将对象的图层设为当前图层】按钮，即可将指定的对象图层设置为当前层，如图 2-46 所示。

图 2-46　将对象的图层置为当前层

2.5.2　打开与关闭图层

　　在绘制复杂图形时，由于过多的线条干扰设计者的工作，这就需要将无关的图层暂时关闭。这样的设置不仅便于绘制图形，而且可以减少系统的内存，提高绘图的速度。

1．关闭图层

　　关闭图层是暂时隐藏指定的一个或多个图层。打开【图层特性管理器】对话框，在【图层列表】窗口中选择一个图层，并单击【开】列对应的灯泡按钮💡。此时，该灯泡的颜色将由黄色变为灰色，且该图层对应的图形对象将不显示，也不能打印输出，如图 2-47 所示。

　　此外，用户还可以通过两种方式关闭图层。一种是在【图层】选项板的【图层】下拉列表中，单击对应列表项的灯泡按钮💡，可以关闭所指定的图层；另一种是在【图层】选项板中单击【关闭】按钮🔌，然后选取相应的图形对象，即可关闭该图形对象所对应的图层。

2．打开图层

　　打开图层与关闭图层的设置过程正好相反。在【图层特性管理器】对话框中选择被关闭的图层，单击【开】列对应的灰色灯泡按钮💡，该按钮将切

图 2-47　关闭【标注线】图层

换为黄色的灯泡按钮💡，即该图层被重新打开，且相应的图层上的图形对象可以显示，也可以打印输出。此外，单击该选项板中的【打开所有图层】按钮，将显示所有隐藏的图层。

2.5.3　冻结图层与解冻

　　冻结图层可以使该图层不可见，也不能被打印出来。当重新生成图形时，系统不再重新生成该层上的对象。因而冻结图层后，可以加快显示和重生成的速度。

1．冻结图层

　　利用冻结操作可以冻结长时间不用看到的图层。一般情况下，图层的默认设置为解冻状态，且【图层特性管理器】对话框的【冻结】列中显示的太阳图标☀视为解冻状态。

指定一图层，并在【冻结】列中单击太阳图标 ☼，使该图标改变为雪花图标 ❋，即表示该图层被冻结。此外也可以在【图层】选项板中单击【冻结】按钮，然后在绘图区中选取要冻结的图层对象，即可将该对象所在的图层冻结。如图2-48所示就是冻结【标注线】图层的效果。

另外，在 AutoCAD 中不能冻结当前层，也不能将冻结层设置为当前层，否则系统将会显示警告信息。冻结的图层与关闭的图层的可见性是相同的，但冻结的对象不参加处理过程的运算，而关闭的图层则要参加运算。所以在复杂图形中，通过冻结不需要的图层，可以加快系统重新生成图形的速度。

图 2-48　冻结【标注线】图层

> **提 示**
>
> 解冻一个图层将引起整个图形重新生成，而打开一个图层则不会导致这种现象（只是重画这个图层上的对象）。因此，如果需要频繁地改变图层的可见性，应关闭图层而不应冻结图层。

2．解冻

解冻是冻结图层的逆操作。选择被冻结的图层，单击【冻结】列的雪花图标 ❋，使之切换为太阳图标 ☼，则该图层被解冻。解冻冻结的图层时，系统将重新生成并显示该图层上的图形对象。此外，在【图层】选项板中单击【解冻所有图层】按钮，可以解冻当前图形文件的所有冻结图层。

2.5.4　锁定图层与解锁

通过锁定图层可以防止指定图层上的对象被选中和修改。锁定的图层对象将以灰色显示，可以作为绘图的参照。

1．锁定图层

锁定图层就是取消指定图层的编辑功能，防止意外地编辑该图层上的图形对象。打开【图层特性管理器】对话框，在【图层列表】窗口中选择一个图层，并单击【锁定】列的解锁图标，该图标将切换为锁定图标，即该图层被锁定。图 2-49 所示就是被锁定的【标注线】图层以灰色显示的效果。

除了上述方式外，用户还可以在【图层】选项板中单击【锁定】按钮，然后在绘图区选取指定的图形对象，则该对象所在的图层将被锁定，且锁定的对象以灰色显示。

此外，在 AutoCAD 中还可以设置图层的淡入比例来查看图层的锁定效果。在【图层】选项板中拖动【锁定的图层淡入】滑块，系统将调整锁定图层对应对象的显示效果，如图 2-50

所示。

图 2-49　锁定【标注线】图层　　　　　　　图 2-50　设置锁定图层的淡入比例

2. 解锁

解锁是锁定图层的逆操作。选择被锁定的图层，单击【锁定】列的锁定图标 🔒，使之切换为解锁图标 🔓，即该图层被解锁。此时图形对象显示正常，并且可以进行编辑操作。此外，用户还可以在【图层】选项板中单击【解锁】按钮 🔓，然后选取待解锁的图形对象，则该对象对应的锁定图层将被解锁。

2.5.5　合并与删除图层

在绘制复杂图形对象时，如果图形中的图层过于繁多，将影响绘图的速度和准确率，且容易发生误选图层进行绘图的情况。此时，用户可以通过合并和删除图层的操作来清理一些不必要的图层，使图层列表窗口简洁明了。

1. 合并图层

在 AutoCAD 中，用户可以通过合并图层的操作来减少图形中的图层数。执行该操作可以将选定的图层合并到目标图层中，并将该选定的图层从图层列表窗口中删除。

在【图层】选项板中单击【合并】按钮 🔳，然后在绘图区中分别选取要合并图层上的对象和目标图层上的对象，并在命令行中输入字母 Y，即可完成合并图层的操作，且此时系统将自动删除要合并的图层。图 2-51 所示就是将【虚线】图层合并为【粗实线】图层的效果。

2. 删除图层

在绘图过程中执行此操作可以删除指定图层上的所有对象，并在图层列表窗口中清理该图层。

图 2-51　合并图层

在【图层】选项板中单击【删除】按钮，然后选取要删除图层上的对象，并在命令行中输入字母 Y，即可完成删除图层的操作，效果如图 2-52 所示。

选择要删除
的图层对象

删除图
层效果

图 2-52 删除【标注线】图层

第 3 章

绘制二维图形

二维草图在工程设计、生产制造和技术交流中起着不可替代的重要作用。其中由点、直线、圆弧和矩形等几何元素组成的二维草图是表达机械零件形状的重要方式。只有熟练掌握这些基本图形的绘制方法，用户才可以方便快捷地绘制出机械零件的三视图、装配图和电子电路图等各种更加复杂多变的图形。掌握各种基本图形元素的绘制方法是绘制二维图形的前提条件。

本章主要介绍使用点、线、矩形和圆等工具来绘制图形的方法和技巧，并详细介绍某些线条的编辑方法，例如对多段线和样条曲线的编辑修改。此外，还介绍了图案填充的操作方法。

本章学习目的：

➢ 掌握绘制点的方法
➢ 掌握各种线条的绘制方法
➢ 掌握矩形和正多边形的绘制方法
➢ 掌握各种曲线对象的绘制方法
➢ 掌握创建和编辑图案填充方法

3.1 绘制点对象

点是组成图形的最基本元素，通常用来作为对象捕捉的参考点。二维图形的绘制都是由控制点控制的，如直线由两个端点控制，圆弧由圆心和起始点控制。控制二维图形的点称为草图点，用户可以通过控制草图点来控制图形对象。

3.1.1 绘制单点和多点

单点和多点是点常用的两种类型。所谓单点是在绘图区中一次绘制的一个点，主要用来指定单个的特殊点位置，如指定中点、圆心点和相切点等；而多点则是在绘图区中连续绘制的多个点，且该方式主要是用第一点为参考点，然后依据该参考点绘制多个点。

1. 绘制任意单点和多点

当用户需要绘制单点时，可以在命令行中输入 POINT 指令，并按 Enter 键。然后在绘图区中单击鼠标左键，即可绘制出单个点。当需要绘制多点时，用户可以直接单击【绘图】选项板中的【多点】按钮，然后在绘图区中连续单击，即可绘制出多个点，如图 3-1 所示。

图 3-1　绘制单个点和多个点

2. 绘制指定位置单点和多点

由于点主要起到定位标记参照的作用，因此在绘制点时并非是任意确定点的位置，需要使用坐标确定点的位置。

❑ **鼠标输入法**

该输入法是绘图中最常用的输入法，即移动鼠标直接在绘图区中的指定位置处单击鼠标左键，获得指定点效果。

在 AutoCAD 中，坐标的显示是动态直角坐标。当移动鼠标时，十字光标和坐标值将连续更新，随时指示当前光标位置的坐标值。

❑ **键盘输入法**

该输入法是通过键盘在命令行中输入参数值来确定位置的坐标，且位置坐标一般有两种方式，即绝对坐标和相对坐标，这两种坐标的定义方式在第 2 章中已经详细介绍，这里不再赘述。

❑ **用给定距离的方式输入**

该输入方式是鼠标输入法和键盘输入法的结合。当提示输入一个点时，将鼠标移动至输入点附近（不要单击）用来确定方向，然后使用键盘直接输入一个相对前一点的距离参数值，按 Enter 键即可确定点的位置，效果如图 3-2 所示。

图 3-2　用给定距离的方式输入点

3.1.2　绘制定数等分点

等分点是在直线、圆弧、圆或椭圆以及样条曲线等几何图元上创建的等分位置点或插入的等间距图块。在 AutoCAD 中，用户可以使用等分点功能对指定对象执行等分间距操作，即从选定对象的一个端点划分出相等的长度，并使用点或块标记将各个长度间隔。

利用 AutoCAD 的【定数等分】工具可以将所选对象等分为指定数目的相等长度，并在对象上按指定数目等间距创建点或插入块。该操作并不将对象实际等分为单独的对象，它仅仅是标明定数等分的位置，以便将这些等分点作为几何参考点。

在【绘图】选项板中单击【定数等分】按钮，然后在绘图区中选取被等分的对象，并输入等分数目，即可将该对象按照指定数目等分，效果如图3-3所示。

选取等分对象后，如果在命令行中输入字母B，则可以将选取的块对象等间距插入到当前图形中，且插入的块可以与原对象对齐或不对齐分布，效果如图3-4所示。

图3-3　定数等分圆效果

图3-4　定数等分插入图块效果

> **提示**
>
> 在创建等分点时，该等分点可以与几何图元上的圆心、端点、中点、交点、顶点以及样条定义点等类型点重合，但要注意的是重合的点是两个不同类型的点。

3.1.3　绘制定距等分点

定距等分点是指在指定的图元上按照设置的间距放置点对象或插入块。一般情况下放置点或插入块的顺序是从起点开始的，并且起点随着选取对象的类型变化而变化。由于被选对象不一定完全符合所有指定距离，因此等分对象的最后一段通常要比指定的间隔短。

在【绘图】选项板中单击【测量】按钮，然后在绘图区中选取被等分的对象，系统将显示"指定线段长度"的提示信息和列表框。此时，在列表框中输入等分间距的参数值，即可将该对象按照指定的距离等分，效果如图3-5所示。

图3-5　定距等分直线效果

> **提示**
>
> 在执行等分点操作时，对于直线或非闭合的多段线，起点是距离选择点最近的端点；对于闭合的多段线，起点是多段线的起点；对于圆，起点是以圆心为起点、以当前捕捉角度为方向的捕捉路径与圆的交点。

3.2 绘制直线类对象

在 AutoCAD 中，直线、射线和构造线都是最基本的线性对象。这些线性对象和指定点位置一样，都可以通过指定起始点和终止点来绘制，也可以通过在命令行中输入坐标值确定起始点和终止点位置来获得相应的线轮廓。

3.2.1 绘制直线

在 AutoCAD 中，直线是指两点确定的一条直线段，而不是无限长的直线。构造直线段的两点可以是图元的圆心、端点（顶点）、中点和切点等。根据生成的方式，直线可以分为以下 3 种类型。

1. 一般直线

一般直线是最常用的直线类型。在平面几何内，它是通过指定起点和长度参数来完成绘制的。

在【绘图】选项板中单击【直线】按钮，然后在绘图区中指定直线的起点，并设定直线的长度参数值即可完成一般直线的绘制，效果如图 3-6 所示。

图 3-6　由直线起点和长度绘制一条直线

提示

在绘制直线时，若启用状态栏中的【动态输入】功能按钮，则系统将在绘图区中显示动态输入的标尺和文本框。此时在文本框中直接设置直线的长度和其他参数即可快速地完成直线的绘制。其中，按 Tab 键可以切换文本框中参数值的输入。

---

2. 两点直线

两点直线是由绘图区中选取的两点确定的直线类型。其中，所选的两点决定了直线的长度和位置，且所选的点可以是图元的圆心、象限点、端点（顶点）、中点、切点和最近点等。

单击【直线】按钮，在绘图区中依次指定两点作为直线要通过的两个点即可确定一条直线段，效果如图 3-7 所示。

图 3-7　由两点绘制一条直线

为了绘图方便，用户可以设置直线捕捉点的范围和类型。在状态栏中右击【对象捕捉】按钮□，并在打开的快捷菜单中选择【设置】选项，然后在打开的【草图设置】对话框中设置直线捕捉的点类型和范围即可。

3. 成角度直线

成角度直线是一种与 X 轴方向成一定角度的直线类型。如果设置的角度为正值，则直线绕起点逆时针方向倾斜；反之直线绕顺时针方向倾斜。

选择【直线】工具后，指定一点为起点，然后在命令行中输入 "@长度<角度"，并按 Enter 键结束该操作，即可完成该类直线的绘制。图 3-8 所示就是绘制一条长 10，且成 45° 倾斜角的直线。

图 3-8　绘制成角度直线

3.2.2　绘制射线和构造线

射线和构造线都属于直线的范畴，这两种线是指一端固定、一端延伸，或者两端延伸的直线。它们可以放置在平面或三维空间的任何位置，主要用于作为辅助线。

1. 射线

射线是一端固定、另一端无限延伸的直线，即只有起点没有终点或终点无穷远的直线。它主要用来作为图形中投影所得线段的辅助引线或某些长度参数不确定的角度线等。

在【绘图】选项板中单击【射线】按钮，然后在绘图区中分别指定起点和通过点，即可绘制一条射线，效果如图 3-9 所示。

2. 构造线

与射线相比，构造线是一条没有起点和终点的直线，即两端无限延伸的直线。该类直线可以作为绘制等分角、等分圆等图形的辅助线，如图素的定位线等。

图 3-9　绘制射线

在【绘图】选项板中单击【构造线】按钮，命令行将显示"指定点或 [水平(H)/垂直(V)/角度(A)/二等分(B)/偏移(O)]:"的提示信息，各选项的含义分别介绍如下。

❑ **水平（H）**

默认辅助线为水平直线，单击一次绘制一条水平辅助线，直到用户单击鼠标右键或按 Enter 键时结束。

❑ **垂直（V）**

默认辅助线为垂直直线，单击一次创建一条垂直辅助线，直到用户单击鼠标右键或按 Enter 键时结束。

❑ **角度（A）**

该命令可创建一条用户指定角度的倾斜辅助线，单击一次创建一条倾斜辅助线，直到用户单击鼠标右键或按 Enter 键时结束。图 3-10 所示就是输入角度为 45°，并指定通过点获得的角度构造线。

❑ **二等分（B）**

该命令可创建一条通过用户指定角的顶点并平分该角的辅助线。用户只需首先指定一个角的顶点，再分别指定该角两条边上的点即可。需要提示的是：这个角不一定是实际存在的，也可以是想象中的一个不可见的角。

图 3-10　绘制角度构造线

❑ **偏移（O）**

该命令可创建平行于另一个对象的辅助线，类似于偏移编辑命令。且选择的另一个对象可以是一条辅助线、直线或复合线对象。

3.3　绘制线性对象

在 AutoCAD 中，矩形和正多边形属于线性对象，且该类图形中所有线段并不是孤立的，而是合成一个面域。灵活使用该类图形工具可以大大简化绘图过程，使操作更加方便。

3.3.1　绘制矩形

在 AutoCAD 中，用户可以通过定义两个对角点，或者指定长度和宽度的方式来绘制矩形，且可以同时设置其线宽、圆角和倒角等参数。

在【绘图】选项板中单击【矩形】按钮▢，命令行将显示"指定第一个角点或 [倒角(C)/标高(E)/圆角(F)/厚度(T)/宽度(W)]:"的提示信息，其中各选项的含义如下所述。

❑ **指定第一个角点**

在屏幕上指定一点后，指定矩形的另一个角点来绘制矩形。该方法是绘图过程中最常用的绘制方法。

❑ **倒角（C）**

该命令用于绘制倒角矩形。在当前命令提示窗口中输入字母 C，然后按照系统提示输入第一个和第二个倒角距离，明确第一个角点和另一个角点，即可完成矩形的绘制。其中，第一个倒角距离指沿 X 轴方向（长度方向）的距离，第二个倒角距离指沿 Y 轴方向（宽度方向）的距离。

❑ **标高（E）**

该命令一般用于三维绘图中。在当前命令提示窗口中输入字母 E，并输入矩形的标高，然后明确第一个角点和另一个角点即可。

❑ **圆角（F）**

该命令用于绘制圆角矩形。在当前命令提示窗口中输入字母 F，并输入圆角半径参数值，然后明确第一个角点和另一个角点即可。

❑ **厚度（T）**

该命令用于绘制具有厚度特征的矩形。在当前命令行提示窗口中输入字母 T，并输入厚度参数值，然后明确第一个角点和另一个角点即可。

❑ **宽度（W）**

该命令用于绘制具有宽度特征的矩形。在当前命令行提示窗口中输入字母 W，并输入宽度参数值，然后明确第一个角点和另一个角点即可。

用户选择不同的选项可以获得不同的矩形效果，但都必须指定第一个角点和另一个角点，从而确定矩形的大小。图 3-11 所示就是执行各种操作获得的矩形绘制效果。

图 3-11　矩形的各种样式

3.3.2 绘制正多边形

利用【正多边形】工具可以快速绘制 3～1024 边的正多边形，其中包括等边三角形、正方形、五边形和六边形等。在【绘图】选项板中单击【多边形】按钮，即可按照以下 3 种方法绘制正多边形。

❑ **内接圆法**

利用该方法绘制多边形时，绘制的图形是由多边形的中心到多边形的顶角点间的距离相等的边组成，也就是整个多边形位于一个虚构的圆中。

单击【多边形】按钮，然后设置多边形的边数，并指定多边形中心。接着选择【内接于圆】选项，并设置内接圆的半径值，即可完成多边形的绘制，效果如图 3-12 所示。

❑ **外切圆法**

利用该方法绘制正多边形时，用户所输入的半径值是多边形的中心点至多边形任意边的垂直距离。

单击【多边形】按钮，然后输入多边形的边数为 6，并指定多边形的中心点。接着选择【外切于圆】选项，并设置外切圆的半径值即可完成多边形的绘制，效果如图 3-13 所示。

图 3-12　利用内接圆法绘制正六边形　　　图 3-13　利用外切圆法绘制正六边形

❑ **边长法**

设定正多边形的边长和一条边的两个端点，同样可以绘制出正多边形。该方法与上述方法类似，在设置完多边形的边数后输入字母 e，然后即可直接在绘图区中指定两点，或者指定一点后输入边长值来绘制出所需的多边形。图 3-14 所示就是分别选取长方形一条边上的两个端点，绘制以该边为边长的正六边形。

3.4　绘制曲线对象

在实际的绘图过程中，图形中不仅包含直线、多段线、矩形和多边形等线性对象，还包含圆、圆弧、椭圆以及椭圆弧等曲线对象，这些曲线对象同样是 AutoCAD 图形的重要组成部分。

图 3-14　利用边长法绘制正六边形

3.4.1　绘制圆和圆弧

圆和圆弧都是曲线，其中圆上任意两点间的部分称为圆弧。在 AutoCAD 中，利用相关的【圆】和【圆弧】工具可以方便地绘制各轮廓线，现分别介绍如下。

1. 圆

圆是指平面上到定点的距离等于定长的所有点的集合。它是一个单独的曲线封闭图形，有恒定的曲率和半径。在二维草图中，圆主要用于表达孔、台体和柱体等模型的投影轮廓；在三维建模中，由它创建的面域可以直接构建球体、圆柱体和圆台等实体模型。

在【绘图】选项板中单击【圆】按钮⊙下侧的黑色小三角，其下拉列表中主要有以下 5 种绘制圆的方法。

❑ **圆心，半径（或直径）**

该方式可以通过指定圆心并设置半径值（或直径值）来确定一个圆。单击【圆心，半径】

按钮，然后在绘图区中指定圆心位置，并设置半径值，即可确定一个圆，效果如图 3-15 所示。此外，如果在命令行中输入字母 D 并按 Enter 键确认，则可以通过设置直径值来确定一个圆。

❑ **两点**

该方式可以通过指定圆上的两个点来确定一个圆。其中，两点之间的距离确定了圆的直径，假想的两点直线间的中点确定圆的圆心。

单击【两点】按钮，然后在绘图区中依次选取圆上的点 A 和点 B，即可确定一个圆，效果如图 3-16 所示。

图 3-15　利用【圆心，半径】工具绘制圆

❑ **三点**

该方式通过指定圆周上的 3 个点来确定一个圆。其原理是：在平面几何内三点的首尾连线可组成一个三角形，而一个三角形有且只有一个外接圆。

单击【三点】按钮，然后在绘图区中依次选取圆上的 3 个点即可完成绘制，效果如图 3-17 所示。需要注意的是这 3 个点不能在同一条直线上。

图 3-16　利用【两点】工具绘制圆

❑ **相切，相切，半径**

该方式可以通过指定圆的两个公切点并设置圆的半径值来确定一个圆。单击【相切，相切，半径】按钮，然后在相应的图元上指定公切点，并设置圆的半径值即可完成绘制，效果如图 3-18 所示。

图 3-17　利用【三点】工具绘制圆

❑ **相切，相切，相切**

该方式通过指定圆的 3 个公切点来确定一个圆。该类型的圆是三点圆的一种特殊类型，即三段两两相交的直线或圆弧段的公切圆，它主要用于确定正多边形的内切圆。

单击【相切，相切，相切】按钮，然后在绘图区中依次选取相应图元上的 3 个切点即可完成绘制，效果如图 3-19 所示。

2. 圆弧

在 AutoCAD 中，圆弧既可以用于建立圆弧曲线和扇形，也可以用作放样图形的放样截面。绘制圆弧的方法与圆基本类似，既要指定半

图 3-18　利用【相切，相切，半径】工具绘制圆

径和起点，又要指出圆弧所跨的弧度大小。根据绘图顺序和已知图形要素条件的不同，圆弧绘制方法主要分为以下 5 种类型。

❑ **三点**

该方式通过指定圆弧上的三点来确定一段圆弧。其中，第一点和第三点分别是圆弧上的起点和终点，且第三点直接决定圆弧的形状和大小，第二点可以确定圆弧的位置。

单击【三点】按钮，然后在绘图区中依次选取圆弧上的 3 点，即可绘制通过这 3 个点的圆弧，效果如图 3-20 所示。

❑ **起点和圆心**

该方式通过指定圆弧的起点和圆心，再选取圆弧的端点，或设置圆弧的包含角或弦长来确定圆弧。它主要包括 3 个绘制工具，最常用的为【起点，圆心，端点】工具。

单击【起点，圆心，端点】按钮，然后在绘图区中依次指定 3 个点分别作为圆弧的起点，圆心和端点，即可完成圆弧的绘制，效果如图 3-21 所示。

如果单击【起点，圆心，角度】按钮，则绘制圆弧时需要指定圆心角，且当用户输入正角度值时，所绘圆弧从起始点绕圆心沿逆时针方向绘制；如果单击【起点，圆心，长度】按钮，则绘制圆弧时用户所给定的弦长不得超过起点到圆心距离的两倍，且当设置的弦长为负值时，该值的绝对值将作为对应整圆的空缺部分圆弧的弦长。

❑ **起点和端点**

该方式通过指定圆弧上的起点和端点，然后再设置圆弧的包含角、起点切向或圆弧半径来确定一段圆弧。它主要包括 3 个绘制工具，效果如图 3-22 所示。其中，单击【起点，端点，方向】按钮，绘制圆弧时可以拖动鼠标动态地确定圆弧在起点和端点之间形成的一条橡皮筋线，而该橡皮筋线即为圆弧在起始点处的切线。

❑ **圆心和起点**

该方式通过依次指定圆弧的圆心和起点，然后再选取圆弧上的端点，或者设置圆弧包含角或弦长来确定一段圆弧。

该方式同样包括 3 个绘制工具，与【起点和圆心】方式区别在于绘图的顺序不同。如图

图 3-19 利用【相切，相切，相切】工具绘制圆

图 3-20 利用【三点】工具绘制圆弧

图 3-21 利用【起点，圆心，端点】工具绘制圆弧

3-23 所示单击【圆心，起点，端点】按钮⌒，然后在绘图区中依次指定 3 点分别作为圆弧的圆心，起点和端点，即可完成圆弧的绘制。

图 3-22　利用【起点和端点】相应工具绘制圆弧　　图 3-23　利用【圆心，起点，端点】工具绘制圆弧

❏ **连续圆弧**

该方式是以最后一次绘制线段或圆弧过程中确定的最后一点作为新圆弧的起点，并以最后所绘制线段方向，或圆弧终止点处的切线方向为新圆弧在起始点处的切线方向，然后再指定另一个端点确定的一段圆弧。

单击【连续】按钮⌒，系统将自动选取最后一段圆弧。此时，用户仅需指定连续圆弧上的另一个端点即可，效果如图 3-24 所示。

3.4.2　绘制椭圆和椭圆弧

椭圆和椭圆弧曲线都是机械绘图时最常用的曲线对象。该类曲线 X、Y 轴方向对应的圆弧直径有差异，如果直径完全相同则形成规则的圆轮廓线，因此可以说圆是椭圆的特殊形式。

图 3-24　绘制连续圆弧

1．椭圆

椭圆是指平面上到定点距离与到定直线间距离之比为常数的所有点的集合。零件上圆孔特征在某一角度上的投影轮廓线、圆管零件上相贯线的近似画法等均以椭圆显示。

在【绘图】选项板中单击【椭圆】按钮⬭右侧的黑色小三角，系统将显示以下两种绘制椭圆的方式。

❏ **指定圆心绘制椭圆**

指定圆心绘制椭圆，即通过指定椭圆圆心、主轴的半轴长度和副轴的半轴长度来绘制椭圆。

单击【圆心】按钮⬭，然后在绘图区中指定椭圆的圆心，并依次指定两个轴的半轴长度，即可完成椭圆的绘制，效果如图 3-25 所示。

❏ **指定端点绘制椭圆**

该方法是 AutoCAD 绘制椭圆的默认方法，用户只需在绘图区中直接指定出椭圆的 3 个

端点，即可绘制出一个完整的椭圆。

单击【轴，端点】按钮⊙，然后选取椭圆的两个端点，并指定另一半轴的长度，即可绘制出完整的椭圆，效果如图 3-26 所示。

2．椭圆弧

椭圆弧顾名思义就是椭圆的部分弧线，绘制椭圆弧时只需指定圆弧的起点角和端点角即可。其中在指定椭圆弧的角度时，用户可以在命令行中输入相应的数值，也可以直接在图形中指定位置点定义相应的角度。

图 3-25　指定圆心绘制椭圆

单击【椭圆弧】按钮⊙，命令行将显示"指定椭圆的轴端点或 [圆弧（A）/中心点（C）]："的提示信息。此时便可以按以上两种绘制方法首先绘制椭圆，然后再按照命令行提示的信息，分别输入起点和端点角度来获得相应的椭圆弧，效果如图 3-27 所示。

3.4.3　样条曲线

样条曲线是经过或接近一系列给定点的光滑曲线，它可以控制曲线与点的拟合程度。在机械绘图中，该类曲线通常用来表示区分断面的部分，还可以在建筑图中表示地形地貌等。

图 3-26　指定端点绘制椭圆

```
命令: ellipse
指定椭圆的轴端点或 [圆弧(A)/中心点(C)]: _a
指定椭圆弧的轴端点或 [中心点(C)]:
指定轴的另一个端点:
指定另一条半轴长度或 [旋转(R)]:
指定起点角度或 [参数(P)]: 30
指定端点角度或 [参数(P)/包含角度(I)]: 240
```

绘制效果

1．绘制样条曲线

样条曲线与直线一样都是通过指定点获得的，不同的是样条曲线是弯曲的线条，并且线条可以是开放的，也可以是起点和端点重合的封闭样条曲线。

图 3-27　绘制椭圆弧

单击【样条曲线拟合】按钮～，然后依次指定起点、中间点和终点，即可完成样条曲线的绘制，效果如图 3-28 所示。

2．编辑样条曲线

在样条曲线绘制完成后，由于它往往不能满足实际的使用要求，此时用户即可利用样条曲线的编辑工具对其进行相应的操作，以达到设计要求。

在【修改】选项板中单击【编辑样条曲线】按钮♂，系统将提示选择样条曲线。此时，用户选取相应的样条曲线即可显示一快捷菜单，如图 3-29 所示。该快捷菜单中各主要选项的含义及设置方法如下所述。

图 3-28　绘制样条曲线

❑ **闭合** 选择该选项时，系统自动将最后一点定义为与第一点相同，并且在连接处相切，以此使样条曲线闭合。

❑ **拟合数据** 选择该操作方式可以编辑样条曲线所通过的某些控制点。选择该选项后，系统将打开拟合数据快捷菜单，且样条曲线上各控制点的位置均会以夹点的形式显示，如图3-30所示。该快捷菜单主要包括8种编辑方式，现分别介绍如下。

> **添加** 输入字母A，用户可以为样条曲线添加新的控制点。

> **闭合** 输入字母C，系统自动将最后一点定义为与第一点相同，并且在连接处相切，以此使样条曲线闭合。

图3-29 编辑快捷菜单

> **删除** 输入字母D，用户可以删除样条曲线控制点集中的一些控制点。

> **扭折** 输入字母K，用户可以在样条曲线上的指定位置添加节点和拟合点，且不会保持在该点的相切或曲率连续性。

> **移动** 输入字母M，用户可以移动控制点集中点的位置。

> **清理** 输入字母P，用户可以从图形数据库中清除样条曲线的拟合数据。

> **切线** 输入字母T，用户可以修改样条曲线在起点和端点的切线方向。

图3-30 拟合数据快捷菜单

> **公差** 输入字母L，用户可以重新设置拟合公差的值。

❑ **编辑顶点** 选择该选项可以将所修改样条曲线的控制点进行细化，以达到更精确地对样条曲线进行编辑的目的，选择该选项，在打开的快捷菜单中包含多种编辑方式，如图3-31所示。各选项的含义分别介绍如下。

图3-31 编辑顶点快捷菜单

> **添加** 输入字母A，用户可以增加样条曲线的控制点。此时，在命令行提示下选取的样条曲线上的某个控制点将以两个控制点代替，且新点与样条曲线更加逼近。

> **删除** 输入字母D，用户可以删除样条曲线控制点集中的一些控制点。

> **提高阶数** 输入字母E，用户可以控制样条曲线的阶数，且阶数越高控制点越多，样条曲线越光滑。如果选择该选项，系统将提示输入新阶数，例如输入阶次数为8，将显示图3-32所示的精度设置效果。

> **移动** 输入字母 M,用户可以通过拖动
鼠标的方式移动样条曲线各控制点处
的夹点,以达到编辑样条曲线的目的。
它与【拟和数据】选项中的【移动】子
选项功能一致。

> **权值** 输入字母 W,用户可以改变控
制点的权值。

❏ **转换为多段线** 选择该选项并指定相应的
精度值,即可将样条曲线转换为多段线。

❏ **反转** 选择该选项可以使样条曲线的方向
相反。

图 3-32 提高曲线阶数

3.5 绘制与编辑多段线

多段线是作为单个对象创建的相互连接的线段组合图形。该组合线段作为一个整体,可以由直线段、圆弧段或两者的组合线段组成,并且可以是任意开放或封闭的图形。此外,为了区别多段线的显示,用户除了设置不同形状的图元及其长度外,还可以设置多段线中不同的线宽显示。

3.5.1 绘制多段线

在 AutoCAD 中,用户可以利用【多段线】工具绘制相关的轮廓曲线。根据多段线的组合显示样式,多段线主要包括以下 3 种类型。

1. 直线段多段线

直线段多段线全部由直线段组合而成,是最简单的一种类型。它一般用于创建封闭的线性面域。

在【绘图】选项板中单击【多段线】按钮，然后在绘图区中依次选取多段线的起点和其他通过的点即可完成直线段多段线的绘制。如果欲使多段线封闭,则可以在命令行中输入字母 C,并按 Enter键确认,效果如图 3-33 所示。需要注意的是起点和多段线通过的点在一条直线上时,不能成为封闭多段线。

2. 直线和圆弧段组合多段线

该类多段线是由直线段和圆弧段两种图元组成

图 3-33 绘制直线段多段线

的开放或封闭的组合图形,是最常用的一种类型。它主要用于表达绘制圆角过渡的棱边或具有圆弧曲面的 U 型槽等实体的投影轮廓界线。

绘制该类多段线时,用户通常需要在命令行内不断切换圆弧和直线段的输入命令,效果如图 3-34 所示。

3．带宽度的多段线

该类多段线是一种带宽度显示的多段线样式。与直线的线宽属性不同,此类多段线的线宽显示不受状态栏中【显示/隐藏线宽】工具的控制,而是显示根据绘图需要而设置的实际宽度。在用户选择【多段线】工具后,命令行中主要有以下两种设置线宽显示的方式。

❑ **半宽**

该方式是通过设置多段线的半宽值而创建的带宽度显示的多段线。其中,显示的宽度为设置值的 2 倍,并且在同一图元上可以显示相同或不同的线宽。

选择【多段线】工具后,在命令行中输入字母 H,然后可以通过设置起点和端点的半宽值来创建带宽度的多段线,效果如图 3-35 所示。

❑ **宽度**

该方式是通过设置多段线的实际宽度值而创建的带宽度显示的多段线,显示的宽度与设置的宽度值相等。它与【半宽】方式相同,在同一图元的起点和端点位置可以显示相同或不同的线宽,其对应的命令为输入字母 W。利用此方法绘制多段线的效果如图 3-36 所示。

3.5.2　编辑多段线

对于由多段线组成的封闭或开放图形,为了自由控制图形的形状,用户还可以利用【编辑多段线】工具编辑多段线。

在【修改】选项板中单击【编辑多段线】按钮，然后选取欲编辑的多段线,系统将打开相应的快捷菜单。此时在该快捷菜单中选择对应的选项,即可进行相应的编辑多段线的操作,如图 3-37 所示。该快捷菜单中各主要编辑命令的功能分别介绍如下。

❑ **闭合**　输入字母 C,用户可以封闭所编辑的开放多段线。系统将自动以最后一段的绘图模式(直线或者圆弧)连接多段线的起点和终点。

❑ **合并**　输入字母 J,用户可以将直线段、圆弧或者多段线连接到指定的非闭合多段线

图 3-34　绘制直线和圆弧段多段线

图 3-35　利用【半宽】方式绘制多段线

图 3-36　利用【宽度】方式绘制多段线

上。若编辑的是多个多段线，需要设置合并多段线的允许距离；若编辑的是单个多段线，系统将连续选取首尾连接的直线、圆弧和多段线等对象，并将它们连成一条多段线。需要注意的是，合并多段线时，各相邻对象必须彼此首尾相连。

图 3-37　编辑多段线

❑ **宽度**　输入字母 W，用户可以重新设置所编辑多段线的宽度。

❑ **编辑顶点**　输入字母 E，用户可以进行移动顶点、插入顶点以及拉直任意两顶点之间的多段线等操作。选择该选项，系统将打开新的快捷菜单。例如拉直线段的操作，选择【编辑顶点】选项后指定起点，然后选择【拉直】选项，并选择【下一个】选项指定第二点，接着选择【执行】选项即可，效果如图 3-38 所示。

❑ **拟合**　输入字母 F，用户可以采用圆弧曲线拟合多段线的拐角，也就是创建连接每一对顶点的平滑圆弧曲线，将原来的直线段转换为拟合曲线，效果如图 3-39 所示。

图 3-38　拉直线段

❑ **样条曲线**　输入字母 S，用户可以用样条曲线拟合多段线，且拟合时以多段线的各顶点作为样条曲线的控制点。

❑ **非曲线化**　输入字母 D，用户可以删除在执行【拟合】或【样条曲线】命令时插入的额外顶点，并拉直多段线中的所有线段，同时保留多段线顶点的所有切线信息。

图 3-39　拟合多段线

❑ **线型生成**　输入字母 L，用户可以设置非连续线型多段线在各顶点处的绘线方式。输入命令 ON，多段线以全长绘制线型；输入命令 OFF，多段线的各个线段独立绘制线型，当长度不足以表达线型时，以连续线代替。

3.6　图案填充

用户在绘制图形时常常需要以某种图案填充一个区域，以此来形象地表达或区分物体的范围和特点，以及零件剖面结构大小和所使用的材料等。这种"画阴影线"的操作也被称为图案填充。该操作可以利用【图案填充】工具来完成，且所绘阴影线既不能超出指定边界，也不能在指定边界内绘制不全或所绘阴影线过疏、过密。

3.6.1 创建图案填充

使用传统的手工方式绘制阴影线时，必须依赖绘图者的眼睛，并要求绘图者正确使用丁字尺和三角板等绘图工具，逐一绘制每一条线。这样不仅工作量大，且角度和间距都不太精确，影响画面质量。但利用 AutoCAD 提供的【图案填充】工具，用户只需定义好边界，系统即可自动进行相应的填充操作。

单击【图案填充】按钮，系统将展开【图案填充创建】选项卡，如图3-40 所示。在该选项卡中可分别设置填充图案的

图 3-40 【图案填充创建】选项卡

类型、填充比例、角度和填充边界等。

1. 指定填充图案的类型

创建图案填充，首先要设置填充图案的类型。用户既可以使用系统预定义的图案样式进行图案填充，也可以自定义一个简单的或创建更加复杂的图案样式进行图案填充。

在【特性】选项板的【图案填充类型】下拉列表中，系统提供了 4 种图案填充类型，如图3-41 所示，现分别介绍如下。

图 3-41 填充图案的 4 种类型

- ❑ **实体** 选择该选项，则填充图案为
  SOLID（纯色）图案。
- ❑ **渐变色** 选择该选项，用户可以设置双色渐变的填充图案。
- ❑ **图案** 选择该选项，用户可以使用系统提供的填充图案样式，这些图案保存在系统的 acad.pat 和 acadiso.pat 文件中。用户可以在【图案】选项板的【图案填充图案】下拉列表中选择系统提供的图案类型，如图 3-42 所示。

图 3-42 【图案填充图案】列表框

- ❑ **用户定义** 用户可以利用当前线型定义由一组平行线或者相互垂直的两组平行线组成的图案。如图 3-43 所示选取该填充图案类型后，如果在【特性】选项板中单击【交叉线】按钮，则填充图案将由平行线变为交叉线。

2. 设置填充图案的比例和角度

指定好填充图案后，用户还需要设置合适的比例和合适的剖面线旋转角度，否则所绘剖面线的线与线之间的间距不是过疏，就是过密。AutoCAD 提供的填充图案都可以调整比例因子和角度，以便满足各种填充要求。

❑ **设置剖面线的比例**

剖面线比例的设置直接影响到最终的填充效果。当处理较大的填充区域时，如果设置的比例因子太小，由于单位距离中有太多的线，则所产生的图案就像是使用实体填充的一样。这样不仅不符合设计要求，还增加了图形文件的容量。但如果使用了过大的填充比例，可能由于剖面线间距太大，而不能在区域中插入任何一个图案，从而观察不到剖面线效果。

在 AutoCAD 中，预定义剖面线图案的默认缩放比例是 1。如果绘制剖面线时用户没有指定特殊值，系统将按默认比例值绘制剖面线。用户可以在【特性】选项板的【填充图案比例】文本框中输入新的比例值，以增大或减小剖面线的间距。不同比例值填充效果如图 3-44 所示。

❑ **设置剖面线的角度**

除了剖面线的比例之外，它的角度也可以进行控制。剖面线角度的数值大小直接决定了剖面区域中图案的放置方向。

在【特性】选项板的【图案填充角度】文本框中可以输入剖面线的角度数值，也可以拖动左侧的滑块来控制角度的大小。但要注意的是在该文本框中所设置的角度并不是剖面线与 X 轴的倾斜角度，而是剖面线以 45° 线方向为起始位置的转动角度。如图 3-45 所示，设置角度为 0°，此时剖面线与 X 轴的夹角却是 45°。

当用户分别输入角度值为 45° 和 90° 时，剖面线将逆时针旋转至新的位置，它们与 X 轴的夹角分别为 90° 和 135°，效果如图 3-46 所示。

图 3-43 用户定义的填充图案

图 3-44 不同比例的剖面线效果

图 3-45 输入角度为 0° 时剖面线效果

图 3-46 输入不同角度时的剖面线效果

3．指定填充边界

剖面线一般总是绘制在一个对象或几个对象所围成的区域中，如一个圆或一个矩形或几条线段或圆弧所围成的形状多样的区域中。即剖面线的边界线必须是首尾相连的一条闭合线，且构成边界的图形对象应在端点处相交。

图 3-47　拾取内部点填充图案

在 AutoCAD 中，指定填充边界主要有两种方法：一种是在闭合的区域中选取一点，系统将自动搜索闭合的边界；另一种是通过选取对象来定义边界，现分别介绍如下。

❑ **选取闭合区域定义填充边界**

在图形不复杂的情况下，经常通过在填充区域内指定一点来定义边界。此时系统将自动寻找包含该点的封闭区域进行填充操作。

单击【边界】选项板中的【拾取点】按钮 ，然后在要填充的区域内任意指定一点，系统即可以虚线形式显示该填充边界，效果如图 3-47 所示。如果拾取点不能形成封闭边界，则会显示错误提示信息。

此外，在【边界】选项板中单击【删除边界对象】按钮 可以取消系统自动选取或用户所选的边界，将多余的对象排除在边界集之外，使其不参与边界计算，从而重新定义边界，以形成新的填充区域，效果如图 3-48 所示。

图 3-48　删除多余图形边界的填充效果

❑ **选取边界对象定义填充边界**

该方式是通过选取填充区域的边界线来确定填充区域。该区域仅为鼠标点选的区域，且必须是封闭的区域，未被选取的边界不在填充区域内。该方式常用在多个或多重嵌套的图形需要进行填充的情况下。

单击【选择边界对象】按钮 ，然后选取图 3-49 所示的封闭边界对象，即可对该边界对象所围成的区域进行相应的填充操作。

提　示

如果指定边界时系统提示未找到有效的边界，则说明所选区域边界未完全封闭。此时可以采用两种方法：一种是利用延长、拉伸或修剪工具对边界重新修改，使其完全闭合；另一种是利用多段线将边界重新描绘，同样也同样可以解决边界未完全封闭的问题。

图 3-49　选取边界填充图案

3.6.2 渐变色填充

在绘图过程中，有些图形在填充时需要用到一种或多种颜色，尤其在绘制装潢、美工等图纸时，这就要用到渐变色图案填充功能。利用该功能可以对封闭区域进行适当的渐变色填充，从而形成比较好的颜色修饰效果。根据效果的不同，渐变色填充可以分为以下两种填充方式。

1．单色填充

单色填充是指从较深着色到较浅色调平滑过渡的单色填充，用户可以通过设置角度和明暗数值来控制单色填充的效果。

在【特性】选项板的【图案填充类型】中选择【渐变色】选项，并指定【渐变色 1】的颜色。然后单击【渐变色2】左侧的按钮，禁用渐变色 2 的填充。接着设置渐变色角度，设定单色渐变明暗的数值，并在【原点】选项板中单击【居中】按钮。此时选取相应的填充区域即可完成单色居中填充，效果如图 3-50 所示。

图 3-50　单色居中渐变色填充效果

> **提　示**
>
> 　　【居中】按钮用于指定对称的渐变配置。如果禁用该功能，渐变填充将朝左上方变化，创建光源在对象左边的图案。

2．双色填充

双色填充是指在两种颜色之间平滑过渡的双色渐变填充。创建双色填充只需分别设置【渐变色 1】和【渐变色 2】的颜色类型，并设置填充参数，然后拾取填充区域内部的点即可。若启用【居中】功能，则渐变色 1 将向渐变色 2 居中显示渐变效果，效果如图 3-51 所示。

3.6.3 编辑填充图案

通过执行编辑填充图案操作，用户不仅可以修改已经创建的填充图案，而且可以指定一个新

图 3-51　双色渐变色填充效果

的图案替换以前生成的图案。编辑填充图案具体包括对图案的样式、比例（或间距）、颜色、关联性以及注释性等选项的操作。

1. 编辑填充参数

在【修改】选项板中单击【编辑图案填充】按钮，然后在绘图区中选择要修改的填充图案，即可打开【图案填充编辑】对话框，如图 3-52 所示。在该对话框的【图案填充】选项卡中不仅可以进行修改图案、比例、旋转角度和关联性等设置，还可以修改、删除及重新创建边界。此外，在【渐变色】选项卡中用户可以对相关的渐变色填充效果进行相应的编辑，其操作方法简单，这里不再赘述。

图 3-52 【图案填充编辑】对话框

2. 编辑图案填充边界与可见性

图案填充边界除了可以由【图案填充编辑】对话框中的【边界】选项组操作编辑外，用户还可以单独地进行边界定义。

在【绘图】选项板中单击【边界】按钮，系统将打开【边界创建】对话框。然后在【对象类型】下拉列表中选择边界保留形式，并单击【拾取点】按钮，重新选取图案边界即可，效果如图 3-53 所示。

此外，图案填充的可见性是可以控制的。用户可以在命令行中输入 FILL 指令，将其设置为关闭填充显示，按 Enter 键确认。然后在命令行中输入 REGEN 指令，对图形进行更新以查看关闭效果，如图 3-54 所示。反之则显示图案填充。

图 3-53 以多段线形式定义边界

图 3-54 输入 FILL 指令控制可见性

3.7 课堂实例 3-1：绘制轴承座

本实例绘制一轴承座的三视图，如图 3-55 所示。该轴承座主要用于固定轴承，支承轴类零件。该三视图由主视图、俯视图和左视图组成，诸如此类的轴承座视图常出现在各类机械制图中，是一个比较典型的例子。因此该实例着重介绍零件三视图的基本绘制方法。

观察轴承座的视图，该零件的主视图具有对称性的特点，在绘制过程中可先绘制出图形轮廓的一半，再进行镜像操作。然后根据视图的投影规律，并结合极轴追踪功能，绘制出俯视图的中心线。俯视图也具有对称性的特点，可以采用相同的方法进行绘制。最后再根据视图的投影规律，利用相应的工具绘制出该零件的左视图即可。

图 3-55 轴承座零件三视图

操作步骤

① 在【图层】选项板中单击【图层特性】按钮，打开【图层特性管理器】对话框。然后在该对话框中新建所需图层，效果如图 3-56 所示。

② 切换【中心线】为当前层，单击【直线】按钮，分别绘制一条水平线段和竖直线段作为图形的中心线。然后单击【偏移】按钮，将水平中心线向上分别偏移 10，22 和 36，将竖直中心线向左分别偏移 14 和 17.5，并将偏移后的中心线转换为【轮廓线】图层，效果如图 3-57 所示。

③ 继续利用【偏移】工具将竖直中心线向左分别偏移 6，11，4 和 10，并将偏移后的中心线转换为【轮廓线】图层，效果如图 3-58 所示。

图 3-56 新建图层

图 3-57 偏移中心线并转换图层

图 3-58 偏移中心线并转换图层

④ 单击【修剪】按钮，选取 4 条水平线段为修剪边界，对竖直线段进行修剪操作。继续利用【修剪】工具选取相应的竖直线段为修剪边界，对水平线段进行修剪操作，效果如图 3-59 所示。

⑤ 单击【镜像】按钮 ◭，选取如图 3-60 所示的图形轮廓为要镜像的对象，并指定竖直中心线上的两个端点确定镜像中心线，进行镜像操作。

图 3-59　修剪轮廓线

图 3-60　镜像图形

⑥ 切换【轮廓层】图层为当前图层。然后单击【圆】按钮 ⊘，以点 A 为圆心，分别绘制半径为 *R5* 和 *R9* 的圆，效果如图 3-61 所示。

⑦ 利用【修剪】工具选取如图 3-62 所示线段和圆弧为修剪边界对图形进行修剪操作。

图 3-61　绘制圆

图 3-62　修剪轮廓线

⑧ 在状态栏中单击【极轴追踪】按钮 ⊘，启用极轴追踪功能。然后切换【中心线】图层为当前层，利用【直线】工具根据视图的投影规律，并结合极轴追踪功能，绘制俯视图的竖直中心线和一条水平辅助线，效果如图 3-63 所示。

⑨ 利用【偏移】工具将水平辅助线向下分别偏移 28 和 30。继续利用【偏移】工具将水平辅助线向下依次偏移 7，15，21，和 36，并将这些偏移后的线段转换为【轮廓线】图层，效果如图 3-64 所示。

⑩ 利用【偏移】工具将竖直中心线向左分别偏移 5，6，9，

图 3-63　绘制中心线和辅助线

11，14 和 17.5，并将偏移后的中心线转换为【轮廓线】图层。然后继续利用【偏移】工具将竖直中心线向左偏移 10，效果如图 3-65 所示。

⑪ 利用【修剪】工具选取相应的水平线段为修剪边界，对图形中的竖直线段进行修剪操作。继续利用【修剪】工具选取相应的竖直线段为修剪边界，对图形中的水平线段进行修剪

操作。最后利用【直线】工具连接 B、C 两点即可,效果如图 3-66 所示。

图 3-64　偏移辅助线并转换图层　　　　　图 3-65　偏移中心线并转换图层

　　⑫ 单击【镜像】按钮，选取图 3-67 所示的图形轮廓为要镜像的对象,并指定竖直中心线上的两个端点确定镜像中心线,进行镜像操作。

图 3-66　修剪轮廓线　　　　　　　　　　图 3-67　镜像图形

　　⑬ 利用【圆】工具选取点 D 为圆心,绘制直径为 $\Phi 8$ 的圆。然后利用【直线】工具绘制图 3-68 所示的两条线段,使这两条线段与该圆相切。

　　⑭ 利用【修剪】工具选取直径为 $\Phi 8$ 的圆和相切线段为修剪边界,对图形进行修剪操作,效果如图 3-69 所示。

图 3-68　绘制圆和相切线段　　　　　　　图 3-69　修剪轮廓线

　　⑮ 切换【中心线】图层为当前层,利用【直线】工具根据视图的投影规律,并结合极轴追踪功能,绘制左视图的辅助线,效果如图 3-70 所示。

⑯ 利用【偏移】工具将水平中心线向上偏移 10，22 和 36。继续利用【偏移】工具将竖直中心线向右偏移 15，20，和 36，并将相应的辅助线转换为【轮廓线】图层，效果如图 3-71 所示。

图 3-70　绘制左视图辅助线　　　　　　　　图 3-71　偏移中心线并转换图层

⑰ 利用【修剪】工具，选取水平线段为修剪边界，对图形进行修剪操作。然后继续利用【修剪】工具，选取竖直线段为修剪边界，对图形再次进行修剪操作，如图 3-72 所示。

⑱ 利用【直线】工具连接 E、F 两点。然后利用【偏移】工具将线段 a 向左分别平移 8 和 10，效果如图 3-73 所示。

图 3-72　修剪轮廓线　　　　　　　　　　　图 3-73　绘制轮廓线

⑲ 切换【轮廓线】图层为当前层，利用【直线】工具根据视图的投影规律，并结合极轴追踪功能，向左视图绘制投影直线，效果如图 3-74 所示。

⑳ 利用【偏移】工具选取图 3-75 所示的线段为偏移对象，向左偏移 8。

图 3-74　绘制投影线　　　　　　　　　　　图 3-75　偏移线段

㉑ 利用【修剪】工具按图 3-76 所示选取相应的线段为修剪边界，对图形进行修剪操作，

并将修剪后的相关线段转换为【虚线】图层。

图 3-76　修剪轮廓并转换图层

3.8　课堂实例 3-2：绘制支架零件图

　　本实例绘制一支架零件图，效果如图 3-77 所示。支架在整个机械机构中起着支撑和容纳其他零件的作用，通常一个机械系统中的支架不止一个。该支架主要由支撑部件、定位孔和加强筋等构成。为了清楚表达模型的内部结构，对主视图进行了全剖。而为了表达侧面的孔特征，将俯视图绘制为局部剖视图。

图 3-77　支架零件图效果

　　绘制该支架零件图时，首先利用【偏移】、【镜像】和【修剪】工具绘制主视图，并利用【直线】工具绘制侧面板的轮廓线。然后按照三视图的投影原理，结合支架自身的结构特点，利用【圆】和【偏移】工具绘制俯视图。特别是利用【样条曲线】和【修剪】工具绘制局部视图。最后利用【图案填充】工具填充各视图即可。

操作步骤

　　① 在【图层】选项板中单击【图层特性】按钮，打开【图层特性管理器】对话框。然后在该对话框中新建所需图层，效果如图 3-78 所示。

　　② 切换【中心线】为当前层，单击【直线】按钮，分别绘制一条水平线段和竖直线段作为图形中心线。然后单击【偏移】按钮，将竖直中心线向右分别偏移 20 和 25，并将水平中心线分别向上偏移 30、向下偏移 40，效果如图 3-79 所示。

图 3-78　新建图层

图 3-79　绘制中心线并偏移

　　③ 单击【修剪】按钮，对偏移后的中心线进行修剪。然后切换【轮廓线】为当前层，单击【多线段】按钮，选取向上偏移后的水平中心线和竖直中心线的交点为起点，并打开正交功能，绘制一条多段线，效果如图 3-80 所示。

　　④ 单击【修剪】按钮，对偏移后的中心线进行修剪，并将修剪后的中心线转换为【轮

廓线】图层，效果如图 3-81 所示。

图 3-80　修剪中心线并绘制多段线　　　　　　图 3-81　修剪中心线并转换图层

⑤ 单击【镜像】按钮，选取图 3-82 所示的图形为要镜像的对象，并指定竖直中心线的两个端点确定镜像中心线。然后输入字母 N，不删除源对象进行镜像操作。

⑥ 单击【偏移】按钮，将水平中心线向上分别偏移 7.5、12.5 和 18，并将竖直中心线向左分别偏移 47 和 57。然后单击【修剪】按钮，将偏移后的中心线修剪，效果如图 3-83 所示。

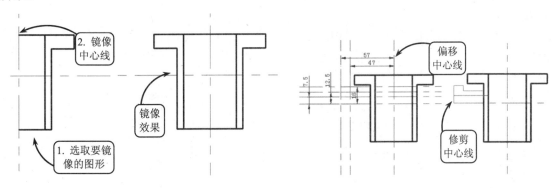

图 3-82　镜像图形　　　　　　　　　　　　　图 3-83　偏移中心线并修剪

⑦ 将修剪后的中心线转换为【轮廓线】图层，并单击【修剪】按钮，修剪轮廓线，效果如图 3-84 所示。

⑧ 单击【镜像】按钮，选取如图 3-85 所示的图形为要镜像的对象，并指定水平中心线与轮廓线的两个交点确定镜像中心线。然后输入字母 N，不删除源对象进行镜像操作。

图 3-84　转换图层并修剪轮廓线　　　　　　　图 3-85　镜像图形

⑨ 单击【修剪】按钮 ⊹，修剪轮廓线。然后单击【偏移】按钮 ⬜，将竖直中心线向左分别偏移 31、35 和 39。接着单击【修剪】按钮 ⊹，修剪中心线，效果如图 3-86 所示。

⑩ 将修剪后的中心线转换为【轮廓线】图层，并单击【偏移】按钮 ⬜，将竖直中心线向左偏移 19。然后单击【圆弧】按钮 ⌒，依次选取图 3-87 所示的 3 点 A、B 和 C，绘制圆弧。

图 3-86 修剪轮廓线并偏移中心线   图 3-87 绘制相贯线

⑪ 单击【偏移】按钮 ⬜，将水平中心线向上分别偏移 4 和 15，向下分别偏移 24 和 30，并将竖直中心线向右偏移 60。然后单击【修剪】按钮 ⊹，修剪偏移后的轮廓线和中心线，效果如图 3-88 所示。

⑫ 单击【直线】按钮 ╱，选取图 3-89 所示的点 D 为起点，并输入相对坐标（@100<30）确定终点，绘制一条斜线。该斜线与水平中心线相交于点 E。然后单击【偏移】按钮 ⬜，将该斜线向上偏移 5，与水平中心线交于点 F。

图 3-88 偏移中心线并修剪

图 3-89 绘制斜线并偏移

⑬ 单击【直线】按钮 ╱，选取点 E 为起点，向上一步偏移后的直线作垂线。然后单击【修剪】按钮 ⊹，修剪轮廓线与中心线，并将相应的中心线转换为【轮廓线】图层，效果如图 3-90 所示。

⑭ 单击【偏移】按钮 ⬜，将直线 a 向左分别偏移 8、13 和 18，并将偏移距离为 13 的直线转换为【中心线】图层，效果如图 3-91 所示。

⑮ 利用【偏移】工具将水平中心线向下偏移 120。然后单击【圆】按钮 ◎，选取点 G 为圆心，按照图 3-92 所示的尺寸绘制同心圆。

⑯ 单击【直线】按钮 ╱，选取点 G 为起点，分别输入相对坐标（@100<-45 ）和（@100<-135）确定两个终点，绘制两条斜线。然后将这两条斜线转换为【轮廓线】图层，效果如图 3-93 所示。

图 3-90 绘制直线并修剪

图 3-91 偏移直线并转换图层

图 3-92 偏移中心线并绘制圆

图 3-93 绘制斜线并转换图层

⑰ 单击【偏移】按钮 ，将左侧斜线向下分别偏移 7.5、12.5 和 32，将右侧斜线向下分别偏移 50 和 60。然后单击【修剪】按钮 ，修剪偏移后的中心线和轮廓线，效果如图 3-94 所示。

⑱ 单击【样条曲线】 ，绘制图 3-95 所示的两条样条曲线。然后单击【修剪】按钮 ，选取这两条样条曲线为修剪边界，修剪直径为 Φ85 圆的轮廓线。

图 3-94 偏移斜线并修剪

图 3-95 绘制样条曲线并修剪圆

⑲ 单击【偏移】按钮 ，将直线 b 向左分别偏移 7、12 和 17。然后将相应偏移后的中心线转换为【轮廓线】图层，效果如图 3-96 所示。

⑳ 单击【镜像】按钮 ，选取图 3-97 所示的图形为要镜像的对象，并指定左侧斜线确定镜像中心线。然后输入字母 N，不删除源对象进行镜像操作。

㉑ 将直径为 Φ70 的圆转换为【中心线】图层。然后单击【修剪】按钮 ，修剪直径为 Φ50 圆的轮廓线。接着单击【圆】按钮 ，选取点 H 为圆心，绘制直径为 Φ8 的圆，效果如图 3-98 所示。

图 3-96　偏移直线并转换图层

图 3-97　镜像图形

22 单击【镜像】按钮，选取水平中心线为镜像中心线，将直径为 Φ8 的圆镜像。继续利用【镜像】工具选取竖直中心线为镜像中心线，将镜像后的圆再次镜像，效果如图 3-99 所示。

图 3-98　转换图层并修剪圆轮廓线

图 3-99　镜像圆

23 单击【偏移】按钮，将水平中心线向上分别偏移 15 和 20。然后单击【镜像】按钮，选取这两条偏移后的中心线为要镜像的对象，并指定水平中心线为镜像中心线，进行镜像操作，效果如图 3-100 所示。

24 单击【直线】按钮，并打开正交功能，选取主视图中的点 I 为起点，沿竖直方向向俯视图绘制一条直线。然后单击【修剪】按钮，修剪该直线，效果如图 3-101 所示。

图 3-100　偏移中心线并镜像　　　　　　　　图 3-101　绘制直线并修剪

25 将第（23）步偏移后的中心线转换为【轮廓线】图层。然后单击【样条曲线】，绘制图 3-102 所示的样条曲线。

26 单击【修剪】按钮，选取样条曲线和直径为 Φ85 的圆为修剪边界，修剪轮廓线，效果如图 3-103 所示。

图 3-102   绘制样条曲线   图 3-103   修剪轮廓线

3.9   扩展练习：绘制轴承座

　　本练习绘制一个轴承座组合体视图，如图 3-104 所示。轴承座主要用于固定、支承轴类或套类组合体，它不仅可保证传动组合体、轴和轴承等轴类部件实现回转运动，而且可以保证各组合体在轴向的相对位置关系，因此广泛应用于减速箱、动力头等轴向传动设备中。根据轴承座的结构特点，它可以分为整体式和拆分式两种，本实例轴承座组合体属于整体式结构。

　　分析该轴承座组合体，模型的前视投影视图可真实表现该组合体的主要结构特征，将该方向投影作为主视图，确定主视图后其他的两个视图也就确定。绘制组合体三视图时，可首先绘制主视图，然后按照投影规律绘制俯视图和左视图即可。

图 3-104   轴承座平面图

3.10   扩展练习：绘制连杆

　　本练习绘制一个连杆平面图，效果如图 3-105 所示。连杆属连杆机构的一部分，连杆机构是机械中一种常见机构，可以将平移转化为转动，将摆动转化为转动。连杆机构传动的优点是可以传递复杂的运动，通过计算连杆的长度，可以实现比较精确的运动传递。连杆机构广泛应用于各种机械、仪表和机电产品中。

　　该平面图大致可分为两个圆环。因此在绘制该平面图时，首先利用【圆】工具绘制出两圆环部分，然后利用【椭圆】和【旋转】等工具绘制出左边圆环上的椭圆。最后利用【修剪】工具完成图形轮廓的绘制，并进行相应的尺寸标注即可。

图 3-105   连杆效果图

第 4 章

编辑二维图形

　　一幅工程图不可能仅利用基本绘图工具便可完成。在绘制二维草图的过程中,通常会由于作图需要或用户误操作产生多余的线条,此时就需要对图形进行必要的修改,使设计的图形达到实际要求。用户可以利用 AutoCAD 提供的相应编辑工具对现有图形进行镜像、偏移、阵列、移动和修剪等操作,以减少重复的绘图操作,保证绘图的准确性,并极大地提高绘图效率。

　　本章主要介绍常用编辑工具的使用方法和操作技巧以及夹点编辑的操作方法。此外还详细介绍了编辑对象特性和创建面域的操作方法和技巧。

　　本章学习目的:
- ➢ 了解对象特性的设置方法
- ➢ 掌握创建和编辑面域的方法
- ➢ 掌握图形的各种编辑操作方法
- ➢ 掌握利用夹点编辑对象的方法

4.1　对象特性

　　任何一个图形对象都具有独立的或者与其他对象相同的特性,包括图层、线型、颜色、线宽和打印样式等,且这些对象特性都具有可编辑性。通过编辑特性不仅可以重新组织图形中的对象,还可以控制这些对象的显示和打印方式。

4.1.1　设置对象特性

　　对象的特性包括基本特性、几何特性以及根据对象类型的不同所表现的其他一些特性。为了提高图形的表达能力和可读性,设置图形对象的特性是极有必要的。这样不仅方便创建和编辑图形，而且便于快速查看图形，尽快获得图形信息。在 AutoCAD 中，主要有以下两种设置对象特性的方法。

1．设置图层

在工程绘图过程中，图层就像透明的覆盖层，相当于图纸绘图中使用的重叠图纸。一幅图形通常都是由一层或多层图层组成的。用户可以为同类对象设置相同的图层特性，并编辑各种不同的图形信息，包括颜色、线型和线宽等，如图 4-1 所示。

这种方法便于在设计前后管理图形，通过组织图层以及图层上的对象使管理图形中的信息变得更加容易，因此广泛应用于计算机辅助绘图中。

2．分别设置对象特性

分别设置对象特性即分别为每个对象指定特性，这种方法不便于图形管理，因此在设计时很少使用。在 AutoCAD 中，系统为设计者提供了独立设置对象的常用工具，主要有颜色、线型和线宽等。

图 4-1　通过图层设置对象特性

在绘制和编辑图形时，选取图形对象并单击鼠标右键，选择【特性】选项，即可在打开的【特性】对话框中设置指定对象的所有特性，如图 4-2 所示。

此外，当用户没有选取图形对象时，该选项板将显示整个图纸的特性；选择同一类型的多个对象，选项板内将列出这些对象的共有特性及当前设置；选择不同类型的多个对象，在选项板内将只列出这些对象的基本特性以及这些对象的当前设置。

4.1.2　编辑对象特性

要在图形的编辑过程中修改对象的相关特性信息，即调整对象的颜色、线型、图层和线宽以及尺寸和位置等特性，用户可以直接在【特性】对话框中设置和修改。

图 4-2　【特性】对话框

单击【特性】选项板中右下角的箭头，系统将打开【特性】对话框。在该对话框对应的编辑栏中即可直接修改对应的特性，且改变的对象将立即更新。在该对话框中用户主要可以设置以下特性。

- ❑ **修改线宽**　在【线宽】下拉列表中可以选择所需的线宽。图 4-3 所示为修改所选图形的宽度为 0.3。
- ❑ **修改颜色**　在【颜色】下拉列表中可以指定当前所选图形的颜色。
- ❑ **修改线型**　在【线型】下拉列表中可以设置当前所选图形线条的线型。

□ **超链接**　通过【超链接】文本框可以插入超级链接。

□ **快速选择** 　在【特性】对话框中单击该按钮，系统将打开【快速选择】对话框，用户可以通过该对话框快速选取相应的对象。如图4-4所示，设置过滤图层为【中心线层】图层并单击【确定】按钮，即可快速选择图形中所有的中心线。

图 4-3　修改线宽　　　　　　　　　　图 4-4　快速选择

4.2　面域

当图形的边界比较复杂时，用户可以通过面域间的布尔运算高效地完成各种造型设计。此外，面域还可以作为三维建模的基础对象直接参与渲染。在 AutoCAD 中，用户可以将封闭的二维图形直接创建为相应的面域。

4.2.1　创建面域

面域是具有一定边界的二维闭合区域，它是一个面对象，内部可以包含孔特征。虽然从外观来说，面域和一般的封闭线框没有区别，但实际上，面域就像是一张没有厚度的纸，除了包括边界外，它还包括边界内的平面。创建面域的条件是必须保证二维平面内各个对象间首尾连接成封闭图形，否则无法创建为面域。

在【绘图】选项板中单击【面域】按钮回，然后框选一个二维封闭图形并按 Enter 键，即可将该图形创建为面域。此时用户可以将视觉样式切换为【概念】，查看创建的面域效果，如图4-5所示。

此外，在【绘图】选项板中单击【边界】按钮回，系统将打开【边界创建】对话框。在该对

图 4-5　将封闭的二维图形转化为面域

话框的【对象类型】下拉列表中选择【面域】选项，然后单击【拾取点】按钮 ，并在绘图区中指定的封闭区域内单击，同样可以将该封闭区域转化为面域，效果如图 4-6 所示。

> **提　示**
>
> 如果在【边界创建】对话框的【对象类型】下拉列表中选择【多段线】选项并选取封闭的区域，则可以将该封闭区域的边界转化为多段线。

图 4-6　利用【边界】工具创建面域

4.2.2　面域的布尔运算

布尔运算是数学上的一种逻辑运算，执行该类命令可以对实体和共面的面域进行剪切、添加和获取交叉部分等操作。当绘制较为复杂的图形时，线条间的修剪、删除等操作比较繁琐，此时如果将封闭的线条创建为面域，进而通过面域间的布尔运算来绘制各种图形，将大大降低绘图的难度，提高绘图效率。

1．并集运算

并集运算就是将所有参与运算的面域合并为一个新的面域，运算后的面域与合并前的面域位置没有任何关系。

要执行该并集操作，用户可以首先将绘图区中的二维图形对象分别创建为面域，然后在命令行中输入 UNION 指令，并分别选取相应的面域特征，接着按 Enter 键，即可获得并集运算效果，如图 4-7 所示。

图 4-7　并集运算效果

2．差集运算

差集运算是从一个面域中减去一个或多个面域，从而获得一个新的面域。当所指定去除的面域和被去除的面域不同时，所获得的差集效果也会不同。

在命令行中输入 SUBTRACT 指令，然后选取圆面域为源面域，并单击鼠标右键。接着选取椭圆面域为要去除的面域，并单击鼠标右键，即可获得面域求差效果，如图 4-8 所示。

图 4-8　差集运算效果

3．交集运算

通过交集运算可以获得各个相交面域的公共部分。要注意的是只有两个面域相交，两者间才会有公共部分，这样才能进行交集运算。

在命令行中输入 INTERSECT 指令，然后依次选取圆面域和椭圆面域并单击鼠标右键，即可获得面域求交效果，如图 4-9 所示。

图 4-9　交集运算效果

4.3　复制对象

在 AutoCAD 中，零件图上的轴类或盘类零件往往具有对称结构，且这些零件上的孔又常常是均匀分布，此时用户便可以利用相关的复制类工具，以现有图形对象为源对象，绘制出与源对象相同或相似的图形，从而简化绘制具有重复性或近似性特点图形的绘图步骤，以达到提高绘图效率和绘图精度的目的。

图 4-10　复制圆轮廓线

4.3.1　复制图形

复制工具是 AutoCAD 绘图中的常用工具，它主要用于绘制两个或两个以上的重复性图形，且各重复图形的相对位置不存在一定的规律性。复制操作可以省去重复绘制相同图形的步骤，大大提高绘图效率。

在【修改】选项板中单击【复制】按钮，选取需要复制的对象后指定复制基点，然后指定新的位置点即可完成复制操作，效果如图 4-10 所示。

此外还可以单击【复制】按钮，选取对象并指定复制基点后，在命令行中输入新位置点相对于移动基点的相对坐标值来确定复制目标点，效果如图 4-11 所示。

图 4-11　输入相对坐标复制对象

> **提示**
>
> 在 AutoCAD 中执行复制操作时，系统默认的复制模式是多次复制。此时根据命令行提示输入字母 O，即可将复制模式设置为单个。

4.3.2　镜像图形

镜像工具常用于绘制结构规则且具有对称性特点的图形，如轴、轴承座和槽轮等零件图形。绘制这类对称图形时，用户只需绘制对象的一半或几分之一，然后将图形对象的其他部分对称复制即可。

在绘制该类图形时，可以先绘制出处于对称中心线一侧的图形轮廓线，然后单击【镜像】按钮⚖，选取绘制的图形轮廓线为源对象后单击鼠标右键。接着指定对称中心线上的两点以确定镜像中心线，按 Enter 键即可完成镜像操作，效果如图 4-12 所示。

图 4-12　镜像图形

默认情况下，对图形执行镜像操作后，系统仍然保留源对象。如果对图形进行镜像操作后需要将源对象删除，只需在选取源对象并指定镜像中心线后，在命令行中输入字母 Y，然后按 Enter 键，即可完成删除源对象的镜像操作，效果如图 4-13 所示。

图 4-13　删除源对象镜像效果

> **提　示**
>
> 如果镜像对象是文字，可以通过系统变量 MIRRTEXT 来控制镜像的方向。当 MIRRTEXT 的值为 1 时，镜像后的文字翻转 180°；当 MIRRTEXT 的值为 0 时，镜像出来的文字不颠倒，即文字的方向不产生镜像效果。

4.3.3　偏移图形

利用偏移工具可以创建出与源对象成一定距离且形状相同或相似的新对象。对于直线来说，利用偏移工具可以绘制出与其平行的多个相同副本对象；对于圆、椭圆、矩形以及由多段线围成的图形来说，利用偏移工具可以绘制出成一定偏移距离的同心圆或近似图形。

1．定距偏移

该偏移方式是系统默认的偏移类型。它是根据输入的偏移距离数值为偏移参照，以指定的方向为偏移方向，偏移复制出源对象的副本对象。

单击【偏移】按钮⬔，根据命令行提示输入偏移距离，并按 Enter 键。然后选取图中的源对象，并在偏移侧单击鼠标左键，即可完成定距偏移操作，效果如图 4-14 所示。

图 4-14　定距偏移效果

2．通过点偏移

该偏移方式能够以图形中现有的端点、各节点和切点等定对象作为源对象的偏移参照，对图形执行偏移操作。

单击【偏移】按钮 ⟐，并在命令行中输入字母 T，然后选取图中的偏移源对象，并指定通过点，即可完成该偏移操作，效果如图 4-15 所示。

3．删除源对象偏移

系统默认的偏移操作是在保留源对象的基础上偏移出新图形对象，但如果仅以源图形对象为偏移参照，偏移出新图形对象后需要将源对象删除，即可利用删除源对象偏移的方法。

单击【偏移】按钮 ⟐，在命令行中输入字母 E，并根据命令行提示输入字母 Y 后按 Enter 键。然后按上述偏移操作进行图形偏移，即可将源对象删除，效果如图 4-16 所示。

图 4-15　通过点偏移效果

4．变图层偏移

默认情况下偏移图形对象时，偏移出的新对象的图层与源对象的图层相同。通过变图层偏移操作，用户可以将偏移出的新对象图层转换为当前层，从而避免修改图层的重复性操作，大幅度地提高绘图速度。

先将所需图层置为当前层，然后单击【偏移】按钮 ⟐，在命令行中输入字母 L，根据命令提示输入字母 C 并按 Enter 键。然后按上述偏移操作进行图形偏移，偏移出的新对象图层即与当前图层相同，效果如图 4-17 所示。

图 4-16　删除源对象偏移效果

> **提　示**
>
> 系统默认情况下，对对象进行偏移操作时，用户可以重复性地选取源图形对象进行图形的重复偏移。如果需要退出偏移操作，只需在命令行中输入字母 E，并按 Enter 键即可。

4.3.4　阵列图形

利用陈列工具可以按照矩形、路径或环形的方式，以定义的距离或角度复制出源对象的多个对象

图 4-17　变图层偏移效果

副本。在绘制孔板、法兰等具有均布特征的图形时，利用该工具可以大量减少重复性图形的绘图步骤，提高绘图效率和准确性。

1. 矩形阵列

矩形阵列是以控制行数、列数以及行和列之间的距离，或添加倾斜角度的方式，使选取的阵列对象成矩形的方式进行阵列复制，从而创建出源对象的多个副本对象。

在【修改】选项板中单击【矩形阵列】按钮，并在绘图区中选取源对象后按 Enter 键，系统将展开相应的【阵列创建】选项卡，如图 4-18 所示。此时在该选项卡中依次设置矩形阵列的行数和列数，并设定行间距和列间距，即可完成矩形阵列特征的创建。

图 4-18　矩形阵列效果

2. 路径阵列

在路径阵列中，阵列的对象将均匀地沿路径或部分路径排列。在该方式中，路径可以是直线、多段线、三维多段线、样条曲线、螺旋、圆弧、圆或椭圆等。

在【修改】选项板中单击【路径阵列】按钮，并依次选取绘图区中的源对象和路径曲线，系统将展开相应的【阵列创建】选项卡，如图 4-19 所示。此时在该选项卡中设置阵列项数，并指定沿路径的分布方式，即可生成相应的阵列特征。

图 4-19　路径阵列效果

3. 环形阵列

环形阵列能够以任一点为阵列中心点，将阵列源对象按圆周或扇形的方向，以指定的阵列填充角度、项目数目或项目之间夹角为阵列值进行源图形的阵列复制。该阵列方法经常用

于绘制具有圆周均布特征的图形。

在【修改】选项板中单击【环形阵列】按钮，然后在绘图区中依次选取要阵列的源对象和阵列中心点，系统将展开相应的【阵列创建】选项卡，如图4-20所示。

	常用 插入 注释 布局 参数化 视图 管理 输出 插件 联机	阵列创建				

图4-20 【阵列创建】选项卡

在该选项卡的【项目】选项板中，用户可以通过设置环形阵列的项目数、项目间的角度和填充角度3种参数中的任意两种来完成环形阵列的操作，且此时系统将自动完善其他参数的设置，效果如图4-21所示。

4.4 调整对象位置

移动和旋转工具都是在不改变被编辑图形具体形状的基础上对图形的放置位置、角度以及大小进行重新调整，以满足最终的设计要求。该类工具常用于在装配图或将图块插入图形的过程中对单个零部件图形或块的位置和角度进行调整。

图4-21 环形阵列效果

4.4.1 移动图形

移动是对象的重定位操作，是对图形对象的位置进行调整，而方向和大小不变。该操作可以在指定的方向上按指定距离移动对象，且在指定移动基点、目标点时，用户不仅可以在图中拾取现有点作为移动参照，还可以利用输入参数值的方法定义出参照点的具体位置。

单击【移动】按钮，选取要移动的对象并指定基点，然后根据命令行提示指定第二个点或输入位移参数来确定目标点，即可完成移动操作，效果如图4-22所示。

图4-22 移动对象

> **提 示**
>
> 在选取移动对象后单击鼠标右键，然后根据命令行提示输入字母D，即可直接指定位移量进行图形的移动操作。

4.4.2　旋转图形

旋转同样是对象的重定位操作，它是对图形对象的方向进行调整，而位置和大小不改变。该操作可以将对象绕指定点旋转任意角度，从而以旋转点到旋转对象之间的距离和指定的旋转角度为参照，调整图形的放置方向。在 AutoCAD 中，旋转操作主要有以下两种方式。

❑ **一般旋转**

该方式在旋转图形对象时，原对象将按指定的旋转中心和旋转角度旋转至新位置，并且将不保留对象的原始副本。

单击【旋转】按钮○，选取旋转对象并指定旋转基点，然后根据命令行提示输入旋转角度，按 Enter 键，即可完成旋转对象操作，效果如图 4-23 所示。

图 4-23　旋转对象

❑ **复制旋转**

使用该旋转方式进行对象的旋转时，用户不仅可以将对象的放置方向调整一定的角度，还可以在旋转出新对象的同时保留原对象图形，可以说该方式集旋转和复制操作于一体。

按照上述相同的旋转操作方法指定旋转基点后，在命令行中输入字母 C。然后设定旋转角度，并按 Enter 键，即可完成复制旋转操作，效果如图 4-24 所示。

图 4-24　复制旋转

> **提　示**
>
> 系统默认的情况下，用户输入的角度为正时，对象的旋转方式为逆时针旋转；输入的角度为负时，对象的旋转方式为顺时针旋转。

4.5　修改对象形状大小

在某些场合中需要将图形的形状和大小进行改变时，可执行延伸、比例缩放和拉伸等操作，调整现有对象相对于其他对象的形状和长度参数，以获得相应的设计效果。例如有时为了更清楚地表现零件中比较小的部分，经常用到比例缩放工具缩放局部视图。

4.5.1　修剪和延伸图形

修剪和延伸工具的共同点都是以图形中现有的图形对象为参照，以两图形对象间的交点为切割点或延伸终点，对与其相交或成一定角度的对象进行去除或延长操作。

1．修剪图形

利用【修剪】工具可以某些图元为边界，删除边界内的指定图元。利用该工具编辑图形对象时，用户首先需要选择用以定义修剪边界的对象。可作为修剪边的对象包括直线、圆弧、圆、椭圆和多段线等。默认情况下，用户指定边界对象后，选取的待修剪对象上位于拾取点一侧的部分图形将被切除。

单击【修剪】按钮，选取相应的边界曲线并单击鼠标右键，然后选取图形中要去除的部分，即可将多余的图形对象去除，效果如图 4-25 所示。

图 4-25　修剪线段

2．延伸图形

延伸操作的成型原理同修剪正好相反。该操作是以现有的图形对象为边界，将其他对象延伸至该对象上。延伸对象时，如果按住 Shift 键的同时选取对象，则可以执行修剪操作。

单击【延伸】按钮，选取延伸边界后单击鼠标右键，然后选取需要延伸的对象，系统将自动将该对象延伸到所指定的边界上，效果如图 4-26 所示。

图 4-26　延伸线段

4.5.2　缩放图形

利用缩放工具可以将图形对象以指定的缩放基点为缩放参照，放大或缩小一定比例，创建出与源对象成一定比例且形状相同的新图形对象。在 AutoCAD 中，比例缩放可以分为以下 3 种缩放类型。

1．参数缩放

该缩放类型可以通过指定缩放比例因子的方式对图形对象进行放大或缩小。且当输入的比例因子大于 1 时将放大对象，小于 1 时缩小对象。

单击【缩放】按钮，选择缩放对象并指定缩放基点，然后在命令行中输入比例因了，并按 Enter 键即可，效果如图 4-27 所示。

图 4-27　设定参数缩放图形

2．参照缩放

该缩放类型可以通过指定参照长度和新长度的方式，由系统计算两长度之间的比例数值，从而定义出图形的缩放因子来对图形进行缩放操作。当参照长度大于新长度时，图形将被缩小；反之将对图形执行放大操作。

按照上述方法指定缩放基点后，在命令行中输入字母 R，并按 Enter 键。然后根据命令行提示依次设定参照长度和新长度，按 Enter 键即可完成参照缩放操作，效果如图 4-28 所示。

3．复制缩放

该缩放类型可以在保留原图形对象不变的情况下创建出满足缩放要求的新图形对象。利用该方式在指定缩放对象和缩放基点后，用户需要在命令行中输入字母 C，然后利用设置缩放参数或参照的方法定义图形的缩放因子，即可完成复制缩放操作，效果如图 4-29 所示。

4.5.3　拉伸图形

执行拉伸操作能够将图形中的一部分拉伸、移动或变形，而其余部分保持不变。拉伸工具是一种十分灵活的调整图形大小的工具。选取拉伸对象时，用户可以使用"交叉窗口"的方式选取对象，其中全部处于窗口中的图形不作变形而只作移动，与选择窗口边界相交的对象将按移动的方向进行拉伸变形。

单击【拉伸】按钮，命令行将提示选取对象，用户便可以使用上面介绍的方式选取对象，并按 Enter 键。此时命令行将显示"指定基点或 [位移(D)] <位移>:"的提示信息，这两种拉伸方式现分别介绍如下。

❑ 指定基点拉伸对象

该拉伸方式是系统默认的拉伸方式。按照命令行提示指定一点为拉伸基点，命令行将显示"指定第二个点或 <使用第一个点作为位移>:"的提示信息。此时在绘图区中指定第二点，系统将按照这两点间的距离执行拉伸操作，效果如图 4-30 所示。

❑ 指定位移量拉伸对象

该拉伸方式是指将对象按照指定的位移量进行拉伸，而其余部分并不改变。选取拉伸对象后，输入字母 D，然后设定位移参数并按 Enter 键，系统即可按照用户指定的位移量进行拉伸操作，效果如图 4-31 所示。

图 4-28　设定参照缩放图形

图 4-29　复制缩放效果

图 4-30　指定基点拉伸对象

4.5.4 拉长图形

在 AutoCAD 中，拉伸和拉长工具都可以改变对象的大小，所不同的是拉伸操作可以一次框选多个对象，不仅改变对象的大小，同时改变对象的形状；而拉长操作只改变对象的长度，且不受边界的局限。可用以拉长的对象包括直线、弧线和样条曲线等。

图 4-31　输入位移量拉伸对象

单击【拉长】按钮，命令行将显示"选择对象或 [增量(DE)/百分数(P)/全部(T)/动态(DY)]:"的提示信息。此时用户需指定一种拉长方式，并选取要拉长的对象，即可以该方式进行相应的拉长操作。各种拉长方式的设置方法分别介绍如下。

❑ 增量

该方式以指定的增量修改对象的长度，且该增量从距离选择点最近的端点处开始测量。在命令行中输入字母 DE，命令行将显示"输入长度增量或 [角度(A)] <0.0000>:"的提示信息。此时输入长度值并选取对象，系统将以指定的增量修改对象的长度，效果如图 4-32 所示。此外，用户也可以输入字母 A，并指定角度值来修改对象的长度。

❑ 百分数

该方式以相对于原长度的百分比来修改直线或圆弧的长度。在命令行中输入字母 P，命令行将显示"输入长度百分数 <100.0000>:"的提示信息。此时如果输入的参数值小于 100 则缩短对象，大于 100 则拉长对象，效果如图 4-33 所示。

图 4-32　增量拉长对象

❑ 全部

该方式通过指定从固定端点处测量的总长度的绝对值来设置选定对象的长度。在命令行中输入字母 T，然后输入对象的总长度，并选取要修改的对象。此时选取的对象将按照设置的总长度相应地缩短或拉长，效果如图 4-34 所示。

图 4-33　以百分数形式拉长对象

图 4-34　按输入的总长度缩短对象

❑ **动态**

该方式允许动态地改变直线或圆弧的长度。用户可以通过拖动选定对象的端点之一来改变其长度，且其他端点保持不变。在命令行中输入字母 DY 并选取对象，然后拖动光标，对象即可随之拉长或缩短，效果如图 4-35 所示。

图 4-35　动态拉长线段

4.6　使用夹点编辑图形对象

当选取一图形对象时，该对象周围出现的蓝色方框即为夹点。在编辑零件图的过程中，有时需要不启用某个命令，却获得和该命令一样的编辑效果，此时就可以通过夹点的编辑功能来快速地调整图形的形状，如拖动夹点调整辅助线的长度，拖动孔对象的夹点进行快速复制等。

4.6.1　拉伸对象

在夹点编辑模式下，当选取的夹点是线条的端点时，用户可以通过拖动拉伸或缩短对象。如图 4-36 所示，选取一中心线将显示其夹点，然后选取顶部夹点并打开正交功能，向上拖动即可改变竖直中心线的长度。

图 4-36　拖动夹点拉伸中心线长度

4.6.2　移动和复制对象

在夹点编辑模式下，如果选取的夹点是线条的中点、圆或圆弧的圆心，或者块、文字、尺寸数字等对象，用户可以移动这些对象，以改变其放置位置，而不改变其大小和方向。在移动的过程中如按住 Ctrl 键，则可以复制对象。

如图 4-37 所示，选取一圆轮廓将显示其夹点，然后选取圆心处的夹点，并按住 Ctrl 键拖动至合适位置单击，即可复制一圆。

图 4-37　利用夹点编辑复制圆

4.6.3 旋转对象

在夹点编辑模式下指定基点后，输入字母 RO 即可进入旋转模式。旋转的角度可以通过输入角度值精确定位，也可以通过指定点位置来实现。

如图 4-38 所示，框选一图形，并指定一基点，然后输入字母 RO 进入旋转模式，并输入旋转角度为 36°，即可旋转所选图形。

图 4-38　利用夹点旋转视图

4.6.4 缩放对象

在夹点编辑模式下指定基点后，输入字母 SC 即可进入缩放模式。用户可以通过定义比例因子或缩放参照的方式缩放对象，且当比例因子大于 1 时放大对象，当比例因子大于 0 而小于 1 时缩小对象，效果如图 4-39 所示。

4.6.5 镜像对象

图 4-39　利用夹点缩放图形

该夹点编辑方式可以通过指定两夹点的方式定义出镜像中心线来进行图形的镜像操作。利用夹点镜像图形时，镜像后既可以删除源对象，也可以保留源对象。

进入夹点编辑模式后指定一基点并输入字母 MI，即可进入镜像模式。此时系统将会自动以刚选择的基点作为第一镜像点，然后输入字母 C，并指定第二镜像点。接着按 Enter 键，即可在保留源对象的情况下进行镜像复制操作，效果如图 4-40 所示。

图 4-40　利用夹点镜像图形

4.7　对象编辑

在完成对象的基本绘制后，用户往往需要对相关对象进行编辑修改的操作，使之达到预期的设计要求。用户可以通过创建倒角和圆角等常规操作来完成图形对象的编辑工作。

4.7.1　创建倒角

为了便于装配，且保护零件表面不受损伤，一般在轴端、孔口、抬肩和拐角处加工出倒角（即圆台面），这样可以去除零件的尖锐刺边，避免刮伤。在 AutoCAD 中利用【倒角】工具可以很方便地绘制倒角结构造型，且执行倒角操作的对象可以是直线、多段线、构造线、射线或三维实体。

单击【倒角】按钮 ☐，命令行将显示"选择第一条直线或 [放弃(U)/多段线(P)/距离(D)/角度(A)/修剪(T)/方式(E)/多个(M)]:"的提示信息。现分别介绍常用倒角方式的设置方法。

❑ **多段线倒角**

如果用户选择的对象是多段线，那么就可以方便地对整条多段线进行倒角。在命令行中输入字母 P，然后选择多段线，系统将以当前设定的倒角参数对多段线进行倒角操作，效果如图4-41所示。

❑ **指定距离绘制倒角**

该方式通过输入直线与倒角线之间的距离来定义倒角。如果两个倒角距离都为零，那么倒角操作将修剪或延伸这两个对象直到它们相接，但不创建倒角线。

在命令行中输入字母 D，然后依次输入两倒角距离，并分别选取两倒角边，即可获得倒角效果。如图4-42所示依次指定两倒角距离均为50，然后选取两倒角边，即可显示相应的倒角效果。

❑ **指定角度绘制倒角**

该方式通过指定倒角的长度以及它与第一条直线形成的角度来创建倒角。在命令行中输入字母 A，然后分别输入倒角的长度和角度，并依次选取两对象，即可获得倒角效果，如图4-43所示。

❑ **指定是否修剪倒角**

默认情况下，对象在倒角时需要修剪，但用户也可以设置为保持不修剪的状态。在命令行中输入字母 T 后，选择【不修剪】选项，然后按照上述方法设置倒角参数即可，效果如图4-44所示。

图 4-41　多段线倒角

图 4-42　指定距离绘制倒角

图 4-43　指定角度绘制倒角

图 4-44　不修剪倒角

如果正在倒角的两个对象都在同一图层上，则倒角线将位于该图层。如果在图形界限内两个例角对象没有交点，且图形界限检查处于打开状态，AutoCAD 将拒绝倒角。

4.7.2　创建圆角

为了便于铸件造型时拔模，防止铁水冲坏转角处，并防止冷却时产生缩孔和裂缝，一般将铸件或锻件的转角处制成圆角，即铸造或锻造圆角。在 AutoCAD 中，圆角是指通过一个指定半径的圆弧来光滑地连接两个对象的特征，其中可以执行倒角操作的对象有圆弧、圆、椭圆、椭圆弧、直线和射线等。

单击【圆角】按钮◻，命令行将显示"选择第一个对象或 [放弃(U)/多段线(P)/半径(R)/修剪(T)/多个(M)]:"的提示信息。现分别介绍常用圆角方式的设置方法。

图 4-45　指定半径绘制圆角

❑ 指定半径绘制圆角

该方式是绘图中最常用的创建圆角的方式。选择【圆角】工具后，输入字母 R，并设置圆角半径值。然后依次选取两操作对象，即可获得圆角效果，如图 4-45 所示。

❑ 不修剪圆角

选择【圆角】工具后，输入字母 T 就可以选择相应的倒圆角类型，即设置倒圆角后是否保留源对象。用户可以选择【不修剪】选项获得不修剪的圆角效果，如图 4-46 所示。

4.7.3　分解

除了利用上面介绍的各类工具对图形进行编辑操作外，用户还可以对图形对象进行分解，使其在总体形状不变的情况下，对局部进行编辑。

对于多段线、矩形、多边形、块和各类尺寸标注等特征以及由多个图形对象组成的组合对象，如果需要对单个对象进行编辑操作，就需要先利用分解工具将这些对象拆分为单个的图形对象，然后再利用相应的编辑工具进行进一步的编辑。

图 4-46　不修剪倒圆角效果

单击【分解】按钮🔨，然后选取要分解的对象特征，单击鼠标右键或者按 Enter 键，即可完成分解操作，效果如图 4-47 所示。

4.8　课堂实例4-1：绘制拨叉零件图

图4-47　分解多段线效果

本实例绘制一拨叉零件图，效果如图 4-48 所示。拨叉属于叉架类组合体，主要用在机床、内燃机、汽车、摩托车、农用车以及车床的操纵机构中。其主要作用是操纵机器和调节速度。该拨叉零件主要由定位孔、支架和夹紧部分构成。该零件图主要包括主视图和左视图。

绘制该拨叉零件图时应根据作图的基准位置和尺寸，利用【直线】、【圆】和【偏移】工具绘制出已知的线段和圆。然后根据给定尺寸绘制出相关的圆，并利用【镜像】和【修剪】工具完成主视图的绘制。由于拨叉左视图中的虚线较多，因此在绘制时应注意结合主视图上的相关点，绘制出投影直线在左视图上的位置。

图4-48　拨叉零件图效果

操作步骤

① 在【图层】选项板中单击【图层特性】按钮，打开【图层特性管理器】对话框。然后在该对话框中新建所需图层，效果如图 4-49 所示。

② 切换【中心线】图层为当前层，单击【直线】按钮，分别绘制一条水平线段和竖直线段作为图形中心线。继续利用【直线】工具选取两中心线的交点A为起点，并输入相对坐标（@150<138）确定终点，绘制一条斜线，效果如图 4-50 所示。

图4-49　新建图层

图4-50　绘制中心线和斜线

③ 单击【圆】按钮，选取点A为圆心，绘制半径为 R111 的圆，该圆与斜线相交于点B。然后单击【修剪】按钮，按照图 4-51 所示对该圆进行修剪。接着切换【轮廓线】为当前层，利用【圆】工具选取点A为圆心绘制半径分别为 R89 和 R108 的圆。

④ 利用【圆】工具选取点B为圆心，分别绘制半径为 R22 和直径为 Φ25 的圆。然后单击【相切，相切，半径】按钮，分别选取半径为 R22 和半径为 R108 的圆，并输入半径值

为 R15，绘制与所选两圆均相切的圆，效果如图 4-52 所示。

图 4-51　绘制圆并修剪　　　　　　图 4-52　绘制圆和相切圆

⑤ 利用【修剪】工具选取半径分别为 R22 和 R108 的圆为修剪边界，修剪半径为 R15 的圆。继续利用【修剪】工具选取半径为 R15 的圆弧和半径为 R89 的圆为修剪边界，修剪半径为 R22 的圆。然后利用【修剪】工具修剪多余线段，效果如图 4-53 所示。

⑥ 利用【偏移】工具将水平中心线向上偏移 170，并将偏移后的中心线向上下分别偏移 30。继续利用【偏移】工具将竖直中心线向左偏移 47.5，并将偏移后的中心线向左右两侧分别偏移 18.5，效果如图 4-54 所示。

图 4-53　修剪圆　　　　　　图 4-54　偏移中心线

⑦ 将偏移后的相应中心线转换为【轮廓线】图层。然后利用【修剪】工具选取竖直轮廓线为修剪边界，修剪水平轮廓线。继续利用【修剪】工具选取水平轮廓线为修剪边界修剪竖直轮廓线，效果如图 4-55 所示。

⑧ 利用【修剪】工具选取水平中心线 a 为修剪边界，修剪竖直中心线 b。然后利用【偏移】工具将修剪后的竖直中心线 b 向左右两侧分别偏移 8.5，并将偏移后的中心线转换为【轮廓线】图层，效果如图 4-56 所示。

⑨ 利用【修剪】工具选取半径为 R15 的圆弧和半径为 R108 的圆为修剪边界修剪竖直轮廓线和中心线。继续利用【修剪】工具修剪多余线段，效果如图 4-57 所示。

⑩ 利用【偏移】工具将轮廓线 c 向下分别偏移 11.5 和 48.5。然后将偏移后的轮廓线转换为【虚线】图层，效果如图 4-58 所示。

⑪ 单击【镜像】按钮▲，选取图 4-59 所示的图形为要镜像的对象，并指定竖直中心线的两个端点确定镜像中心线，进行镜像操作。

图 4-55　转换图层并修剪轮廓线

图 4-56　修剪轮廓线并偏移中心线

图 4-57　修剪轮廓

图 4-58　偏移轮廓线并转换图层

⑫　利用【圆】工具选取点 A 为圆心，绘制直径为 $\Phi266$ 的圆。然后利用【修剪】工具选取半径为 R22 的圆和轮廓线 d 为修剪边界修剪该圆，效果如图 4-60 所示。

图 4-59　镜像图形

图 4-60　绘制圆并修剪

⑬　利用【直线】工具选取点 C 为起点，向右绘制一条水平直线，并与半径为 R108 的圆弧相交。然后利用【偏移】工具将水平中心线 e 向上偏移 30。接着利用【修剪】工具修剪该中心线，并将修剪后的中心线转换为【虚线】图层，效果如图 4-61 所示。

⑭　切换【中心线】图层为当前层。然后利用【直线】工具根据视图的投影规律，并结合极轴追踪功能，绘制左视图的中心线，效果如图 4-62 所示。

⑮　利用【偏移】工具将竖直中心线向左右两侧分别偏移 30 和 50，并将水平中心线向上偏移 108。然后将偏移后的中心线转换为【轮廓线】图层，效果如图 4-63 所示。

⑯　利用【圆】工具选取点 D 为圆心，绘制直径分别为 $\Phi37$ 和直径为 $\Phi60$ 的两个圆。然

后利用【修剪】工具修剪多余线段，效果如图 4-64 所示。

图 4-61　绘制直线，偏移中心线并修剪

图 4-62　绘制中心线

图 4-63　偏移中心线并转换图层

图 4-64　绘制圆并修剪轮廓线

⑰　利用【偏移】工具将竖直中心线向左右两侧分别偏移 14，并将偏移后的中心线转换为【轮廓线】图层。继续利用【偏移】工具将轮廓线 f 向上偏移 16。然后利用【修剪】工具修剪多余线段，效果如图 4-65 所示。

⑱　利用【圆】工具选取点 E 为圆心，绘制半径为 R14 的圆。然后利用【修剪】工具修剪该圆和多余的轮廓线，效果如图 4-66 所示。

图 4-65　偏移中心线并修剪轮廓线

图 4-66　绘制圆并修剪

⑲　切换【虚线】图层为当前层，利用【直线】工具根据视图的投影规律，并结合主视图上的相关点，向左视图绘制 3 条投影虚线，效果如图 4-67 所示。

⑳　单击【构造线】按钮☑，过点 B 绘制一条竖直直线。然后利用【直线】工具根据视图的投影规律，并结合主视图上的相关点，向左视图绘制两条水平投影虚线，效果如图 4-68

所示。

图 4-67　绘制 3 条投影虚线　　　　图 4-68　绘制竖直构造线和两条水平投影虚线

　㉑ 利用【修剪】工具选取轮廓线 g 为修剪边界修剪水平虚线。继续利用【修剪】工具选取轮廓线 h 和 i 为修剪边界修剪水平虚线，效果如图 4-69 所示。

　㉒ 切换【轮廓线】图层为当前层。然后利用【直线】工具根据视图的投影规律，并结合极轴追踪功能，向左视图绘制投影直线，效果如图 4-70 所示。

图 4-69　修剪水平虚线　　　　　　　　图 4-70　绘制投影直线

　㉓ 利用【修剪】工具选取轮廓线 g 为修剪边界，修剪投影直线。继续利用【修剪】工具选取轮廓线 j 为修剪边界，修剪竖直轮廓 h 和 i，并将轮廓线 j 删除，效果如图 4-71 所示。

　㉔ 利用【直线】工具根据视图的投影规律，并结合极轴追踪功能，向左视图绘制投影直线，效果如图 4-72 所示。

图 4-71　修剪轮廓线　　　　　　　　图 4-72　绘制投影直线

　㉕ 利用【偏移】工具将左视图中的竖直中心线向左右两侧分别偏移 15。然后将偏移后

的中心线转换为【轮廓线】图层,效果如图 4-73 所示。

㉖ 利用【修剪】工具选取第(24)步绘制的两条投影直线为修剪边界修剪偏移后的轮廓线。然后利用【修剪】工具选取修剪后的两条轮廓线为修剪边界修剪两条投影直线,效果如图 4-74 所示。

图 4-73　偏移中心线并转换图层

图 4-74　修剪轮廓线

4.9　课堂实例 4-2: 绘制法兰轴零件图

本实例绘制一法兰轴零件图,效果如图 4-75 所示。该法兰轴的主要作用是传递扭矩、支承和固定轴上零件。该零件主要由通孔、半圆键槽和轴肩上的退刀槽构成。在轴的中心加工通孔起到减轻轴身重量的作用。该零件图主要是主视图,并对主视图进行了全剖。此外对模型中的细微结构添加了必要的详细视图,进行放大观察。

首先利用【直线】、【多段线】和【偏移】工具绘制主视图的主要轮廓。然后利用【打断】和【样条曲线】工具绘制断裂线,并利用【倒角】工具绘制退刀槽。接着利用【镜像】工具镜像图形,并利用【圆】和【修剪】工具绘制半圆键槽。最后利用【复制】和【缩放】工具绘制局部放大视图,并利用【图案填充】工具填充各视图即可。

图 4-75　法兰轴零件图效果

操作步骤

① 新建图层并切换【中心线】图层为当前层。然后单击【直线】按钮 ,分别绘制一条水平和竖直线段作为图形中心线,两中心线相交于点 A。接着单击【偏移】按钮 ,将竖直中心线向左偏移 222,与水平中心线相交于点 B,效果如图 4-76 所示。

② 切换【轮廓线】为当前层,单击【多段线】按钮 ,选取点 A 作为起点,并打开正交功能,绘制一条多段线。继续利用【多线段】工具选取点 B 作为起点,绘制一条多段线,效果如图 4-77 所示。

③ 利用【偏移】工具将过点 A 的竖直中心线向左分别偏移 16 和 31,并将水平中心线向上分别偏移 22.5 和 30。然后将偏移后的中心线转换为【轮廓线】图层,效果如图 4-78 所示。

图 4-76 绘制中心线并偏移

图 4-77 绘制两条多段线

④ 单击【修剪】按钮 ／，选取相应的水平轮廓线为修剪边界修剪偏移后的竖直轮廓线。继续利用【修剪】工具选取相应的竖直轮廓线为修剪边界修剪偏移后的水平轮廓线，效果如图 4-79 所示。

图 4-78 偏移中心线并转换图层

图 4-79 修剪轮廓线

⑤ 利用【偏移】工具将轮廓线 a 向下分别偏移 4.5 和 15.5。继续利用【偏移】工具将水平中心线向上偏移 8.5，并将偏移后的中心线转换为【轮廓线】图层，效果如图 4-80 所示。

⑥ 单击【倒角】按钮 ⌷，依次选取最右端的竖直轮廓线和上步偏移后的轮廓线，绘制一个尺寸为 1.5×60° 的倒角。然后利用【直线】工具分别选取倒角的两个端点为起点，向下绘制两条垂线，效果如图 4-81 所示。

图 4-80 偏移中心线并转换图层

图 4-81 绘制倒角和垂线

⑦ 利用【偏移】工具将轮廓线 b 向下偏移 1。然后单击【延伸】按钮 －/，将轮廓线 c 延伸至偏移后的轮廓线。接着利用【偏移】工具将轮廓线 c 向左偏移 3，向右偏移 1，效果如图

4-82 所示。

⑧ 利用【倒角】工具选取向下偏移距离为 1 和向左偏移距离为 3 的两条轮廓线，绘制一个尺寸为 1×45°的倒角并删除多余线段。然后利用【延伸】工具将轮廓线 b 延伸至轮廓线 d，效果如图 4-83 所示。

图 4-82　延伸并偏移轮廓线　　　　　图 4-83　绘制倒角并延伸轮廓线

⑨ 利用【偏移】工具将轮廓线 b 向上偏移 3。然后利用【倒角】工具选取该偏移直线和轮廓线 d，绘制一个尺寸为 1×45°的倒角。接着利用【修剪】工具修剪多余线段，并利用【延伸】工具将轮廓线 e 延伸至轮廓线 d，效果如图 4-84 所示。

⑩ 利用【偏移】工具将过点 B 的竖直中心线向右偏移 49，并将偏移后的中心线转换为【轮廓线】图层。然后删除过点 B 的竖直中心线，效果如图 4-85 所示。

图 4-84　偏移轮廓线，绘制倒角并延伸轮廓线　　　图 4-85　偏移中心线并转换图层

⑪ 利用【倒角】工具依次选取最左端的轮廓线和轮廓线 f，绘制一个尺寸为 1.5×60°的倒角。然后利用【直线】工具选取倒角的两个端点为起点，向下绘制两条垂线，效果如图 4-86 所示。

⑫ 切换【细实线】图层为当前层，利用【直线】工具选取点 C 为起点，向右绘制一条水平直线。然后利用【修剪】工具选取该直线为修剪边界，修剪竖直轮廓线，效果如图 4-87 所示。

⑬ 单击【镜像】按钮，选取如图所示图形为要镜像的对象，并指定水平中心线的两个端点确定镜像中心线，进行镜像操作，效果如图 4-88 所示。

⑭ 单击【圆】按钮，输入命令 From，并选取点 B 为基点，输入相对坐标（@30，22）确定圆心，绘制半径为 R11 的圆。然后利用【修剪】工具选取轮廓线 g 为修剪边界修剪该圆，

效果如图 4-89 所示。

图 4-86　绘制倒角和垂线

图 4-87　绘制直线并修剪

图 4-88　镜像图形

图 4-89　绘制并修剪圆

⒂ 单击【打断】按钮，在水平轮廓线 h 上任意选取两点，打断该轮廓线。继续利用【打断】工具打断另外 3 条水平轮廓线。然后单击【样条曲线】按钮，依次连接各个打断点，在打断处绘制两条样条曲线，效果如图 4-90 所示。

⒃ 单击【移动】按钮，选取要移动的对象，指定点 A 为基点。然后输入相对坐标（@50，0），将图形向右移动，效果如图 4-91 所示。

图 4-90　打断轮廓线并绘制样条曲线

图 4-91　移动图形

⒄ 在主视图上方空白位置利用【直线】工具绘制一条过键槽圆心的竖直中心线。然后利用【偏移】工具将水平中心线向上偏移 60。接着利用【圆】工具选取这两条中心线的交点为圆心，绘制直径分别为 $\Phi17$，$\Phi20$ 和 $\Phi32$ 的圆，效果如图 4-92 所示。

⑱ 将直径为 $\Phi20$ 的圆转换为【细实线】图层。然后利用【修剪】工具选取两条中心线为修剪边界修剪该圆，效果如图 4-93 所示。

图 4-92　绘制中心线和圆　　　　　　　　图 4-93　转换图层并修剪圆

⑲ 利用【偏移】工具将水平中心线向上偏移 11，并将竖直中心线向左右两侧分别偏移 3。然后将偏移后的中心线转换为【轮廓线】图层，效果如图 4-94 所示。

⑳ 利用【修剪】工具选取偏移后的两条竖直轮廓线为修剪边界，修剪水平轮廓线和直径为 $\Phi32$ 的圆。继续利用【修剪】工具选取修剪后的水平轮廓线和直径为 $\Phi32$ 的圆为修剪边界，修剪两条竖直轮廓线，效果如图 4-95 所示。

图 4-94　偏移中心线并转换图层　　　　　　图 4-95　修剪轮廓线和圆

㉑ 切换【细实线】图层为当前层，在退刀槽处任意位置选取一点为圆心，绘制一半径合适的圆。然后单击【复制】按钮，选取与该圆相交的图形移至空白区域，效果如图 4-96 所示。

㉒ 利用【修剪】工具选取细实线的圆为修剪边界，修剪轮廓线。然后单击【缩放】按钮，将修剪后的图形放大 2 倍，效果如图 4-97 所示。

图 4-96　复制图形　　　　　　　　　图 4-97　修剪轮廓线并放大图形

㉓ 单击【填充图案】按钮，指定填充图案为ANSI31，并设置填充角度为0°，填充比例为1。然后在主视图上分别指定填充区域，进行图案填充，效果如图4-98所示。

图4-98　填充图案

4.10　扩展练习：绘制手轮

本练习绘制一个手轮，效果如图 4-99 所示。手轮的主要作用是通过限制阀门来控制运动方向，具有操作方便、灵活等优点。从该零件的结构来看，它主要由圆环、加强圆柱以及手轮中间的方孔组成。其中方孔中间装配与之相配合的方形螺栓，目的是为了更好地提高手轮机构的稳定性。

本图形结构简单，易于绘制。在绘制图形时利用了简单的【直线】、【圆】以及【修剪】等工具。同时也用到了【阵列】和【旋转】工具。本实例的重点是应用并掌握【阵列】工具的使用，难点是【旋转】工具的使用。

图4-99　手轮平面图

4.11　扩展练习：绘制固定底座

本练习绘制一个底座组合体视图，效果如图4-100所示。机械系统中的底座、支座属于同一类组合体，它们是整个机构中直接承受推力或压力的结构部位。固定底座的应用非常广泛，在机械系统中一般起固定和支撑作用。

该固定底座分为 3 个视图，即主视图、俯视图和左视图。该固定底座的形状结构比较复杂，并且在 3 个视图当中都出现了较多的虚线。可首先利用【矩形】、【分解】、【偏移】、【圆】、【修剪】和【镜像】等工具绘制出主视图，然后根据上述介绍的三视图投影规律，并结合相关的工具绘制俯视图和左视图即可。

图4-100　固定底座三视图

第 5 章

尺寸标注

图形只能用来表达物体的形状，而尺寸标注则用来确定物体的大小和各部分之间的相对位置。尺寸标注是产品设计过程中最重要的环节。完整的尺寸标注、技术要求和明细表等注释元素不仅能够为施工或生产人员提供足够的图形尺寸信息和使用依据，而且可以表达图形不易表达的信息，从而增加图形的易懂性。

本章主要介绍尺寸标注的相关设置和操作方法，其中重点是各类图形尺寸的标注和编辑方法。

本章学习目的：
➢ 掌握尺寸标注样式的设置方法
➢ 掌握各类尺寸的标注方法
➢ 掌握尺寸标注的编辑方法

5.1　尺寸标注样式

尺寸标注是一个复合体，它以块的形式存储在图形中。其组成部分包括尺寸线、尺寸界线、标注文字和箭头等，且所有组成部分的格式均由尺寸标注样式来控制。在 AutoCAD 中，尺寸标注样式是尺寸变量的集合，这些变量决定了尺寸标注中各元素的外观。调整样式中的这些变量可以获得各种各样的尺寸外观。

5.1.1　新建标注样式

由于尺寸标注的外观都是由当前尺寸样式控制的，且在向图形中添加尺寸标注时，单一的标注样式往往不能满足各类尺寸标注的要求。因此在标注尺寸前一般都要创建新的尺寸样式，否则系统将以默认尺寸样式 ISO-25 为当前样式进行标注。

在【注释】选项板中单击【标注样式】按钮，即可在打开的【标注样式管理器】对话框中创建新的尺寸标注样式或修改尺寸样式中的尺寸变量，如图 5-1 所示。

在该对话框中单击【新建】按钮，然后在打开的对话框中输入新样式的名称，并在【基础样式】下拉列表中指定某个尺寸样式作为新样式的基础样式，则新样式将包含基础样式的所有设置。此外，用户还可以在【用于】下拉列表中设置新样式控制的尺寸类型，且默认情况下该下拉列表中所选择的选项为【所有标注】，表明新样式将控制所有类型尺寸。【创建新标注样式】对话框如图 5-2 所示。

完成上述设置后单击【继续】按钮，即可在打开的【新建标注样式】对话框中对新样式的各个变量，如直线、符号、箭头和文字等参数进行详细的设置。

图 5-1 【标注样式管理器】对话框

> **提 示**
>
> 在【标注样式管理器】对话框的【样式】列表框中选择一标注样式并单击鼠标右键，在打开的快捷菜单中选择【删除】选项，即可将所选样式删除。但前提是用户需保证该样式不是当前标注样式。

图 5-2 创建新标注样式

5.1.2 编辑标注样式

当标注的尺寸界线、文字和箭头与当前图形文件中的几何对象重叠或者标注位置不符合设计要求时，用户可以对其进行适当的位置调整，其中包括调整尺寸界线、位置和间距等编辑操作以及编辑标注的外观等，从而使图纸更加清晰、美观，增强可读性。

1. 控制尺寸线和尺寸界线

在【标注样式管理器】对话框中选择一标注样式，并单击【修改】按钮，然后在打开的对话框中切换至【线】选项卡，即可对尺寸线和尺寸界线的样式进行设置，如图 5-3 所示。该选项卡中各常用选项的含义介绍如下。

图 5-3 【线】选项卡

  □ **基线间距**　该文本框用于设置平行尺寸线间的距离。利用【基线】标注工具标注尺寸时，相邻尺寸线间的距离由该选项参数控制，效果如图 5-4 所示。

❑ **隐藏尺寸线**　在该选项组中可以控制第一尺寸线或第二尺寸线的显示状态。如图 5-5
所示，启用【尺寸线2】复选框，则系统将隐藏第二尺寸线。

图 5-4　设置基线间距

图 5-5　隐藏第二尺寸线

❑ **超出尺寸线**　该文本框用于控制尺寸界线
超出尺寸线的距离。国标规定尺寸界线一
般超出尺寸线 2~3mm。用户如果准备按
1：1 比例出图，则超出距离应设置为 2 或
3mm，效果如图 5-6 所示。

❑ **起点偏移量**　该文本框用于控制尺寸界线
起点和标注对象端点间的距离，效果如图
5-7 所示。用户通常应使尺寸界线与标注
对象间不发生接触，这样才能很容易地区
分尺寸标注和被标注的对象。

图 5-6　设置超出尺寸线的距离

2. 控制尺寸箭头和圆心标记

在【修改标注样式】对话框中切换至【符号和
箭头】选项卡，即可对尺寸箭头和圆心标记的样式
进行设置，如图 5-8 所示。该选项卡中各常用选项
的含义介绍如下。

❑ **箭头**　在该选项组中可以设置尺寸线两端
箭头的样式。系统提供了 19 种箭头类型，
用户可以为每个箭头选择所需类型。此外，
在【引线】下拉列表中可以设置引线标注
的箭头样式，而在【箭头大小】文本框中
可以设置箭头的大小。

图 5-7　设置起点偏移量

❑ **圆心标记**　在该选项组中可以设置当标注圆或圆弧时是否显示圆心标记以及圆心标
记的显示类型。此外，用户还可以在右侧的文本框中设置圆心标记的大小。圆心标
记的两种类型如下所述。

➢ **标记**　选择该单选按钮，系统在圆或圆弧圆心位置创建以小十字线表示的圆心标
记。在【注释】选项卡的【标注】选项板中单击【圆心标记】按钮⊙，则选取现
有圆时，该圆上将显示十字型的圆心标记，效果如图 5-9 所示。

图 5-8 【符号和箭头】选项卡

图 5-9 标记圆心

> **直线** 选择该单选按钮，系统将创建过圆心并延伸至圆周的水平和竖直中心线。如图 5-10 所示，在【注释】选项卡的【标注】选项板中单击【圆心标记】按钮⊕，则选取现有圆时，该圆上将显示水平和竖直的中心线。

3. 控制尺寸文本外观和位置

在【修改标注样式】对话框中切换至【文字】选项卡，即可调整文本的外观并控制文本的位置，如图 5-11 所示。该选项卡中各常用选项的含义介绍如下。

图 5-10 标记中心线图

❑ **文字样式** 在该下拉列表中可以选择文字样式，用户也可以单击右侧的【文字样式】按钮 …，在打开的对话框中创建新的文字样式。

❑ **文字高度** 在该文本框中可以设置文字的高度。如果文本样式中已经设定了文字高度，则该文本框中所设置的文本高度将是无效的。

❑ **绘制文字边框** 启用该复选框，系统将为标注文本添加一矩形边框，效果如图 5-12 所示。

❑ **垂直** 在该下拉列表中可以设置标注文本垂直方向上的对齐方式，包括 5 种对齐类型。一般情况下，对于国标标注应选择【上】选项，效果如图 5-13 所示。

图 5-11 【文字】选项卡

❑ **水平** 在该下拉列表中可以设置标注文本水平方向上的对齐方式，包括 5 种对齐类型。一般情况下，对于国标标注应选择【居中】选项，效果如图 5-14 所示。

❑ **从尺寸线偏移** 在该文本框中可以设置标注文字与尺寸线间的距离，效果如图 5-15 所示。如果标注文本在尺寸线的中间，则该值表示断开处尺寸线端点与尺寸文字的间距。此外，该值也可以用来控制文本边框与其中文本的距离。

❑ **文字对齐** 该选项用于设置文字相对于尺寸线的放置位置。其中，选择【水平】单选按钮，系统将使所有的标注文本水平放置；选择【与尺寸线对齐】单选按钮，系统将使文本与尺寸线对齐，这也是国标标注的标准；选择【ISO 标准】单选按钮，当文本在两条尺寸界线的内部时，文本将与尺寸线对齐，否则标注文本将水平放置，效果如图 5-16 所示。

图 5-12 带边框的尺寸标注文字

图 5-13 文字垂直方向上的对齐效果

图 5-14 文字水平方向上的对齐效果

图 5-15 设置文字从尺寸线偏移的距离

图 5-16 文字对齐方式

4．调整箭头、标注文字和尺寸界线间的位置关系

在【修改标注样式】对话框中切换至【调整】选项卡，即可调整标注文字、尺寸箭头和尺寸界线间的位置关系，该选项卡如图 5-17 所示。标注时如果两条尺寸界线之间有足够的空间，系统将自动将箭头、标注文字放在尺寸界线之间；如果两条尺寸界线之间没有足够的空间，用户可以在该选项卡中调整箭头或文字的位置。

图 5-17 【调整】选项卡

- ❏ **文字或箭头** 选择该单选按钮，系统将对标注文本和箭头进行综合考虑，自动选择其中之一放在尺寸界线外侧，以获得最佳标注效果。

图 5-18 优先移出箭头而放置文字

- ❏ **箭头** 选择该单选按钮，系统将尽量使文字放在尺寸界线内，效果如图 5-18 所示。否则文字和箭头都将放在尺寸界线外。

- ❏ **文字** 选择该单选按钮，系统尽量将箭头放在尺寸界线内，效果如图 5-19 所示。否则文字和箭头都将放在尺寸界线外。

图 5-19 优先移出文字而放置箭头

- ❏ **文字和箭头** 选择该单选按钮，当尺寸界线间不能同时放下文字和箭头时，就将文字和箭头都放在尺寸界线外，效果如图 5-20 所示。

- ❏ **文字始终保持在尺寸界线之间** 选择该单选按钮，系统总是把文字和箭头都放在尺寸界线内。

图 5-20 将文字和箭头同时移出

- ❏ **使用全局比例** 在该文本框中输入全局比例数值后，该数值将影响标注的所有组成元素大小，效果如图 5-21 所示。

- ❏ **在尺寸界线之间绘制尺寸线** 当启用该复选框时，系统总是在尺寸界线之间绘制尺寸线；禁用该复选框时，当用户将尺寸箭头移至尺寸界线外侧时，系统将不添加尺寸线，效果如图 5-22 所示。

图 5-21 全局比例对尺寸标注的影响

图 5-22 控制是否绘制尺寸线

5. 设置线性尺寸精度

在【修改标注样式】对话框中切换至【主单位】选项卡，即可设置线性尺寸的单位格式和精度，并能为标注文本添加前缀或后缀。该选项卡如图 5-23 所示。其中各主要选项的含义介绍如下。

- ❑ **单位格式** 在该下拉列表中可以选择所需长度单位的类型。
- ❑ **精度** 在该下拉列表中可以设置长度型尺寸数字的精度，小数点后显示的位数即为精度效果。
- ❑ **小数分隔符** 如果单位类型为十进制，即可在该下拉列表中选择分隔符的形式，包括句点、逗点和空格 3 种分隔符类型。
- ❑ **舍入** 该文本框用于设置标注数值的近似效果。如果在该文本框中输入 0.06，则标注数字的小数部分近似到最接近 0.06 的整数倍。

图 5-23 【主单位】选项卡

- ❑ **前缀** 在该文本框中可以输入标注文本的前缀。如图 5-24 所示，输入文本前缀为 "%%c"，则使用该标注样式标注的线性尺寸文本将均带有直径符号 Ø。
- ❑ **后缀** 在该文本框中可以设置标注文本的后缀。
- ❑ **比例因子** 在该文本框中可以输入尺寸数字的缩放比例因子。当标注尺寸时，系统将以该比例因子乘以真实的测量数值，并将结果作为标注数值。该参数选项常用于标注局部放大视图的尺寸，效果如图 5-25 所示。
- ❑ **消零** 该选项组用于隐藏长度型尺寸数字

图 5-24 设置标注文本的前缀

前面或后面的 0。若启用【前导】复选框，系统将隐藏尺寸数字前面的零；若启用【后续】复选框，系统将隐藏尺寸数字后面的零，效果如图 5-26 所示。

图 5-25 设置比例因子标注局部放大图尺寸

图 5-26 尺寸文字消零效果

标注局部放大视图的尺寸时，由于图形对象已被放大，相应的标注出的尺寸也会成倍变大，但这并不符合图形的实际尺寸。此时用户可以在【主单位】选项卡中设置测量单位的【比例因子】数值，使尺寸标注数值成倍地缩小。如图形放大 2 倍，测量单位比例因子则应设置为 0.5，以使标注的数值缩小 2 倍。

6. 设置换算单位参数

在【修改标注样式】对话框中切换至【换算单位】选项卡，用户即可控制是否显示经过换算后的标注文字值、指定主单位和换算单位之间的换算因子，并可以控制换算单位相对于主单位的位置。该选项卡如图5-27 所示。其中各选项组的含义介绍如下。

❑ **显示换算单位**

该复选框用于控制是否显示经过换算后的标注文字值。如果启用该复选框，在标注文字中将同时显示以两种单位标识的测量值。

❑ **换算单位**

该选项组用于控制经过换算后的值，与【主单位】选项卡对应参数项相似。所不同的是增加了【换算单位倍数】列表项，它是指主单位和换算单位之间的换算因子，即通过线性距离与换算因子相乘确定出换算单位的数值。

❑ **位置**

该选项组用于控制换算单位相对于主单位的位置。如果选择【主值后】单选按钮，则换算单位将位于主单位之后；如果选择【主值下】单选按钮，则换算单位将位于主单位之下，对比效果如图5-28 所示。

图 5-27 【换算单位】选项卡

图 5-28 设置换算单位效果

7. 设置尺寸公差

在【修改标注样式】对话框中切换至【公差】选项卡，即可设置公差格式，并输入相应的公差值，如图 5-29 所示。该选项卡中各主要选项的含义介绍如下。

❑ **方式** 该下拉列表中提供了公差的 5 种格式。图 5-30 所示就是使用这 5 种不同的公差格式标注一孔直径所获得的不同效果，这 5 种公差格式的含义如下所述。

图 5-29 【公差】选项卡

图 5-30 5 种不同的公差格式

> **无**　选择该选项，系统将只显示基本尺寸。
> **对称**　选择该选项，则用户只能在【上偏差】文本框中输入数值。此时标注尺寸时系统自动添加符号"±"。
> **极限偏差**　选择该选项后，用户可以在【上偏差】和【下偏差】文本框中分别输入尺寸的上下偏差值。默认情况下系统自动在上偏差前添加符号"+"，在下偏差前添加符号"-"。如果在输入偏差值时输入了"+"号或"-"号，则最终显示的符号将是默认符号与输入符号相乘的结果。图 5-31 所示为输入正、负号与标注效果的对比关系。

图 5-31　极限偏差的各种标注效果

> **极限尺寸**　选择该选项时，系统将同时显示最大极限尺寸和最小极限尺寸。
> **基本尺寸**　选择该选项时，系统将尺寸标注数值放置在一个长方形的框中。

❑ **精度**　在该下拉列表中用户可以设置上下偏差值的精度，即小数点后的位数。

❑ **高度比例**　在该文本框中用户可以设置偏差值文本相对于尺寸文本的高度。默认值为 1，此时偏差文本与尺寸文本高度相同。一般情况下，国标设置为 0.7，但如果公差格式为【对称】，则高度比例仍设置为 1。

❑ **垂直位置**　在该下拉列表中用户可以指定偏差文字相对于基本尺寸的位置关系，包括上、中和下 3 种类型，效果如图 5-32 所示。国标情况下一般选择【中】选项。

图 5-32　偏差文字与基本尺寸的位置关系

5.2　线性尺寸标注

　　虽然零件的形状多种多样，但是 AutoCAD 提供的线性尺寸标注、径向尺寸标注和角度尺寸标注等工具可以满足大多数零件的定形或定位标注要求。其中，线性尺寸是指在图形中标注两点之间的水平、竖直或具有一定旋转角度的尺寸，该类标注是进行图纸标注时应用最为频繁的标注方法之一。

5.2.1　线性标注

　　利用【线性】工具可以为图形中的水平或竖直对象添加尺寸标注，或根据命令行提示添加两点之间具有一定旋转角度的尺寸。

单击【注释】选项板中的【线性】按钮，然后选取一现有图形的端点为第一条尺寸界线的原点，并选取现有图形的另一端点为第二条尺寸界线的原点。拖动光标至适当位置单击，即可将尺寸线放置，效果如图 5-33 所示。

当指定好两点时，用户拖动光标的方向将决定创建何种类型的尺寸标注。如果上下拖动光标将标注水平尺寸；如果左右拖动光标将标注竖直尺寸，效果如图 5-34 所示。

此外指定尺寸端点后，用户还可以选择多种方式定义尺寸显示样式，包括角度、文字、水平和旋转等参数的设置。如在指定第二点后输入字母 A，并输入标注文字的旋转角度为 45°，然后拖动光标至适当位置单击，系统即可显示指定角度后的尺寸标注效果，如图 5-35 所示。

图 5-33　线性标注

图 5-34　拖动光标标注不同方向尺寸

图 5-35　标注文本旋转效果

5.2.2　对齐标注

标注倾斜对象的真实长度可以利用【对齐】工具。利用该工具添加的尺寸标注，其尺寸线与用于指定尺寸界限两点之间的连线平行。使用该工具可以方便快捷地对斜线、斜面等具有倾斜特征的线性尺寸进行标注。

单击【注释】选项板中的【对齐】按钮，然后选取一点确定第一条尺寸界线原点，并选取另一点确定第二条尺寸界线原点。接着拖动光标至适当位置单击放置尺寸线即可，效果如图 5-36 所示。

图 5-36　指定两点标注对齐尺寸

对齐标注与线性旋转标注不同之处在于：对齐标注的尺寸线的倾斜度是通过指定的两点来确定的，而旋转标注是根据指定的角度值来确定尺寸线的倾斜度的。

5.2.3 角度标注

【角度】工具经常用于标注一些倾斜图形，如肋板的角度尺寸。利用该工具标注角度时，用户可以通过选取两条边线、3 个点或一段圆弧来创建角度尺寸。

单击【注释】选项板中的【角度】按钮△，然后依次选取角的第一条边和第二条边，并拖动光标放置尺寸线，即可完成角度的标注。如果拖动光标在两条边中间单击，则标注的为夹角角度；而如果拖动光标在两条边外侧单击，则标注的为该夹角的补角角度，效果如图 5-37 所示。

此外，当选择【角度】工具后，直接按 Enter 键，还可以通过指定 3 个点来标注角度尺寸。其中指定的第一个点为角顶点，另外两个点为角的端点。用户指定的角顶点不同，标注的角度也会不同，效果如图 5-38 所示。

图 5-37　选取两条边标注角度尺寸

图 5-38　指定 3 个点标注角度尺寸

5.2.4 基线标注

基线标注是指所有尺寸都从同一点开始标注，即所有标注公用一条尺寸界线。该标注类型常用于一些轴类、盘类零件的尺寸标注。

创建该类型标注时，用户应首先创建一个尺寸标注，以便以该标注为基准创建其他尺寸标注。如图 5-39 所示，首先创建一线性标注，然后在【注释】选项卡的【标注】选项板中单击【基线】按钮╠，并依次选取其他端点。此时系统将以刚创建的尺寸标注的第一条尺寸界线为基准线，创建相应的基线型尺寸。

如果不想在前一个尺寸的基础上创建基线型尺寸，用户可以在启用【基线】命令后直接按 Enter 键，此时便可以选取某条尺寸界线作为创建新尺寸的基准线，效果如图 5-40 所示。

图 5-39　创建基线型尺寸标注

图 5-40　选取尺寸界线创建基线型标注

5.2.5　连续标注

连续标注是指一系列首尾相连的标注形式，该标注类型常用于一些轴类零件的尺寸标注。创建该类型标注时，用户同样应首先创建一个尺寸标注，以便以该标注为基准创建其他标注。

如图 5-41 所示，首先创建一线性标注，然后在【注释】选项卡的【标注】选项板中单击【连续】按钮，并依次选取其他端点。此时，系统将以刚创建的尺寸标注的第一条尺寸界线为基准线，创建相应的连续型尺寸。

如果不想在前一个尺寸的基础上创建连续型尺寸，用户可以在启用【连续】命令后直接按 Enter 键，此时便可以选取某条尺寸界线作为创建新尺寸的基准线，效果如图 5-42 所示。

5.3　曲线尺寸标注

为准确标注曲线类对象的尺寸，AutoCAD 提供了弧长、直径和半径等多种标注工具来标识这些曲线对象，各种曲线标注工具的具体操作方法介绍如下。

5.3.1　弧长标注

图 5-41　创建连续型尺寸标注

图 5-42　选取尺寸界线创建连续型标注

弧长标注用于测量圆弧或多段线弧线段的距离。该标注方式常用于测量围绕凸轮的距离或标注电缆的长度。为区别于角度标注，弧长标注将显示一个圆弧符号，而角度标注显示度数符号。

在【注释】选项板中单击【弧长】按钮，然后根据命令行提示选取圆弧，并拖动标注线至合适位置单击，确定弧长标注的位置即可，效果如图 5-43 所示。

弧长标注中的弧长符号既可以在文本的侧方，也可以在文本的上方。要控制弧长符号的位置，用户可以在【修改标注样式】对话框中切换至【符号和箭头】选项板，然后在【弧长符号】选项组中即可设置弧长符号相对于文字的位置效果，如图 5-44 所示。

图 5-43　选取圆弧标注弧长图

图 5-44　设置弧长符号相对于文字的位置

5.3.2 直径标注

直径标注用于圆或圆弧的直径尺寸标注。在【注释】选项板中单击【直径】按钮◎，然后选取图中的圆弧，并移动光标使直径尺寸文字位于合适位置，单击左键即可标注直径，效果如图5-45所示。

5.3.3 半径标注

半径标注用于圆或圆弧的半径尺寸标注。单击【半径】按钮◎，然后选取绘图区中的圆弧，并移动光标使半径尺寸文字位于合适位置，单击鼠标左键即可标注半径，效果如图5-46所示。

图 5-45 标注直径

5.4 引线和公差标注

在 AutoCAD 中，除了上面介绍的常规的线性尺寸和曲线尺寸标注外，有时还需要进行引线标注和各种公差标注，例如零件图。此外利用多重引线还可以标注孔、倒角这些常见结构要素的尺寸。

图 5-46 标注半径

5.4.1 引线标注

利用【多重引线】工具可以绘制一条引线来标注对象，且在引线的末端可以输入文字或者添加块等。该工具经常用于标注孔、倒角和创建装配图的零件编号等。

1. 多重引线样式

不管利用【多重引线】工具标注何种注释尺寸，用户首先需要设置多重引线的样式，如引线的形式、箭头的外观和注释文字的大小等，这样才能更好地完成引线标注。

在【注释】选项板中单击【多重引线样式】按钮，并在打开的对话框中单击【新建】按钮，系统将打开【创建新多重引线样式】对话框。此时在该对话框中输入新样式名称，并单击【继续】按钮，即可在打开的【修改多重引线样式】对话框中对多重引线的格式、结构和文本内容进行详细设置，如图 5-47 所示。该对话框中各选项卡的选项含义分别介绍如下。

图 5-47 【修改多重引线样式】对话框

❑ **引线格式**

用户可以在该选项卡中设置引线和箭头的外观效果。其中在【类型】下拉列表中可指定引线形式为【直线】、【样条曲线】或【无】；在【符号】下拉列表中用户可以设置箭头的各种形式，当然也可以设置为无箭头样式。图 5-48 所示就是设置多重引线箭头为【点】类型，标注装配图零件序号的效果。

图 5-48　设置多重引线箭头为点

❑ **引线结构**

用户可以在该选项卡中设置引线端点的最大数量、是否包括基线以及基线的默认距离，如图 5-49 所示。该选项卡中各选项的含义如下所述。

➢ **约束**

在该选项组中启用【最大引线点数】复选框后，用户可以在其后的文本框中设置引线端点的最大数量。而当禁用该复选框时，引线可以无限制地折弯。此外启用【第一段角度】和【第二段角度】复选框后，用户可以分别设置引线第一段和第二段的倾斜角度，效果如图 5-50 所示。

➢ **自动包含基线**

启用该复选框后，系统绘制的多重引线将自动包含引线的基线。如果禁用该复选框，并设置【最大引线点数】为 2，则可以绘制零件图中常用的剖切符号，效果如图 5-51 所示。

图 5-49　【引线结构】选项卡

图 5-50　设置引线的倾斜角度

图 5-51　不包含基线绘制剖切符号

➢ **设置基线距离**

该复选框只有在启用【自动包含基线】复选框时才会被激活，激活后可以设置基线距离的默认值。如图 5-52 所示，设置默认基线距离为 2，引线点数为 3。此时在指定两点后单击鼠标右键，则基线距离为默认值；如果在指定两点后继续向正右方拖动光标并单击，则基线距离为默认值与拖动的距离之和。

❏ 内容

在该选项卡的【多重引线类型】下拉列表中，用户可以设置多重引线的注释文本类型为【多行文字】、【块】或【无】；在【文字选项】选项组中可以设置引线的文本样式；在【引线连接】选项组中，用户可以设置多行文字在引线左边或右边时相对于引线末端的位置，如图 5-53 所示。

当多重引线类型为【多行文字】，且多行文字位于引线右边时，在【连接位置-左】下拉列表中依次选择各选项，所获得的多行文字与引线末端位置的对比效果如图 5-54 所示。

图 5-52　设置基线距离

图 5-53　【内容】选项卡

2．创建多重引线标注

要使用多重引线标注图形对象，用户可在【注释】选项板中单击【引线】按钮，然后依次在图中指定引线的箭头位置、基线位置并添加标注文字，即可完成多重引线的创建，效果如图 5-55 所示。

图 5-54　多行文字相对于引线末端的位置对比效果

图 5-55　创建多重引线

3．添加与删除引线

如果需要将引线添加至现有的多重引线对象，用户只需在【注释】选项板中单击【添加引线】按钮，然后依次选取需添加引线的多重引线和需要引出标注的图形对象，按 Enter 键，即可完成多重引线的添加，效果如图 5-56 所示。

如果创建的多重引线不符合设计的需要，用户还可以将该引线删除。只需在【注释】选项板中单击【删除引线】按钮，然后在图中选取需要删除的多重引线并按 Enter 键，即可完成删除操作，效果如图 5-57 所示。

图 5-56　添加多重引线图

图 5-57　删除多重引线

5.4.2　形位公差标注

形位公差是指形状和位置公差。在标注机械零件图时，为满足使用要求，用户必须正确合理地规定零件几何要素的形状和位置公差以及限制实际要素的形状和位置误差，这是图形设计的一项重要内容。通过标注形位公差，零件图中可以显示图形的形状、轮廓、方向位置和跳动的偏差等。在零件图中添加形位公差的步骤如下所述。

1．绘制公差指引线

通常在标注形位公差之前，用户应首先利用【引线】工具在图形上的合适位置绘制公差标注的箭头指引线，为后续形位公差的放置提供依据和参照。

单击【引线】按钮，选取如图 5-58 所示的尺寸线上一点作为第一点，然后向上竖直拖动至合适位置单击指定第二点，并向右拖动至合适位置单击指定第三点。此时，系统将打开文字编辑器，在空白区域单击左键退出文字输入状态，即可完成公差指引线的绘制。

图 5-58　绘制公差指引线

2．指定形位公差符号

在 AutoCAD 中利用【公差】工具进行形位公差标注主要是对公差框格中的内容进行定义，如设置形位公差符号、公差值和包容条件等。

图 5-59　指定形位公差符号

在【注释】选项卡的【标注】选项板中单击【公差】按钮，并在打开的【形位公差】对话框中单击【符号】色块，即可在打开的【特征符号】对话框中选择相应的公差符号，如图 5-59 所示。

在【特征符号】对话框中，系统给出了国家规定的 14 种形位公差符号，各种公差符号的具体含义可以参照表 5-1。

表 5-1　形位公差符号含义

符号	含义	符号	含义
⊕	位置度	▱	平面度
◎	同轴度	○	圆度
⩦	对称度	—	直线度
∥	平行度	⌒	面轮廓度
⊥	垂直度	⌓	线轮廓度
∠	倾斜度	↗	圆跳度
⌭	圆柱度	⌰	全跳度

3．指定公差值、包容条件和基准

指定完形位公差符号后，在【公差 1】文本框中输入公差数值。此时如果单击该文本框左侧的黑色小方格，可以在该公差值前面添加直径符号；如果单击该文本框右侧的黑色小方格，可以在打开的【附加符号】对话框中选择该公差值后面所添加的包容条件。最后在【基准 1】文本框中输入相应的公差基准代号即可，效果如图 5-60 所示。【附加符号】对话框中各符号的含义可以参照表 5-2。

图 5-60　指定形位公差的内容

表 5-2　附加符号

符号	含义
Ⓜ	材料的一般中等状况
Ⓛ	材料的最大状况
Ⓢ	材料的最小状况
Ⓢ	材料的最小状况

4．放置形位公差框格

设置好要标注的形位公差内容后单击【确定】按钮，返回到绘图窗口。然后选取前面绘制的指引线末端点放置公差框格，即可完成形位公差标注，效果如图 5-61 所示。

图 5-61　放置形位公差框格

5.4.3　尺寸公差标注

尺寸公差是指零件尺寸所允许的变动量,该变动量的大小直接决定了零件的机械性能和零件是否具有互换性。利用 AutoCAD 提供的【堆叠】工具,用户可以方便地标注尺寸的公差或一些分数形式的公差配合代号。

单击【线性标注】按钮，然后依次指定第一界线和第二界线的端点,图上将出现系统测量的线性尺寸数值。此时在命令行中输入字母 M,在打开的文字编辑器中输入线性尺寸数值,并输入公差数值"+0^-0.02",效果如图 5-62 所示。

图 5-62　输入尺寸公差

然后选取后面的公差部分"+0^-0.02",单击鼠标右键,在打开的快捷菜单中选择【堆叠】选项,并在空白区域单击。接着在合适位置单击鼠标左键放置尺寸线,即可完成尺寸公差的标注,效果如图 5-63 所示。

图 5-63　通过堆叠标注尺寸公差

5.5　编辑尺寸标注

当完成图形的尺寸标注后,如果相关的尺寸文本不符合设计要求,用户可以对其进行适当的编辑,从而使图纸更加清晰美观,增强可读性。

5.5.1　替代标注

当修改一标注样式时,系统将改变所有与该样式相关联的尺寸标注。但有时绘制零件图需要创建个别特殊形式的尺寸标注,如标注公差或是给标注数值添加前缀和后缀等。此时用户不能直接修改当前尺寸样式,但也不必再去创建新的标注样式,只需采用当前样式的覆盖方式进行标注即可。

如图 5-64 所示,当前标注样式为 ISO-25,使用该样式连续标注多个线性尺寸。若用户此时想要标注带有直径前缀的尺寸,可以单击【替代】按钮,系统将打开【替代当前样式】对话框。

在【替代当前样式】对话框中切换至【主单位】选项卡,并在【前缀】文本框中输入"%%c"。然后单击【确定】按钮,返回到【标注样式管理器】对话框后,单击【关闭】按钮。此时标注尺寸,系统将暂时使用新的尺寸变量控制尺寸外观。如图 5-65 所示,标注的尺寸数值前将添加直径符号。

图 5-64　标注线性尺寸

如果要恢复原来的尺寸样式，可以再次打开【标注样式管理器】对话框。在该对话框中选择原来的标注样式 ISO-25，并单击【置为当前】按钮。此时在打开的提示对话框中单击【确定】按钮，再次进行标注时，可以发现标注样式已返回原来状态，效果如图 5-66 所示。

图 5-65　样式替代标注效果

图 5-66　返回到原来标注样式

5.5.2　关联标注

在 AutoCAD 中对图形对象进行标注时，如果标注的尺寸值是按自动测量值标注的，且标注模式是尺寸关联模式，那么标注的尺寸和标注对象之间将具有关联性。此时如果标注对象被修改，与之对应的尺寸标注将自动调整其位置、方向和测量值；反之，当两者之间不具有关联性时，尺寸标注不随标注对象的修改而改变。

在【注释】选项卡的【标注】选项板中单击【重新关联】按钮，然后依次指定标注的尺寸和与其相关联的位置点或关联对象，即可将无关联标注改为关联标注。如图 5-67 所示，将圆的直径标注与该圆建立关联性，当向外拖动该圆的夹点时，直径尺寸标注值将随之产生变化。

图 5-67　关联性标注

5.5.3　更新标注

利用【更新】工具可以以当前的标注样式来更新所选的已有标注尺寸效果，如通过尺寸样式的覆盖方式调整样式后，用户可以利用该工具更新选取的图中尺寸标注。

在【标注样式管理器】对话框中单击【替代】

图 5-68　通过标注更新修改尺寸外观

按钮，系统将打开【替代当前样式】对话框。在该对话框中切换至【主单位】选项卡，并在【前缀】文本框中输入直径代号"%%c"。然后在【注释】选项卡的【标注】选项板中单击【更新】按钮，选取如图 5-68 所示的尺寸 20 并按 Enter 键，即可发现该线性尺寸已添加直径符号前缀。

5.5.4 其他编辑方法

当添加的尺寸标注不符合设计要求时，用户可以对其进行适当的编辑，如调整文本角度和标注间距等，从而使图纸更加清晰美观，增强可读性。

1．编辑文本角度

利用【文字角度】工具可以调整标注文本的角度。在【注释】选项卡的【标注】选项板中单击【文字角度】按钮，并选取一现有尺寸标注，然后输入标注文本的角度为45°，按 Enter 键，即可将标注文本按角度旋转，效果如图 5-69 所示。

图 5-69 编辑标注文本的角度

2．调整标注间距

标注零件图时，同一方向上有时会标注多个尺寸。这多个尺寸间如果间距参差不齐，整个图形注释会显得很乱，而手动调整各尺寸线间的距离至相等又不太现实。为此 AutoCAD 提供了【调整间距】工具，利用该工具可以使平行尺寸线按用户指定的数值等间距分布。

在【注释】选项卡的【标注】选项板中单击【调整间距】按钮，然后选取如图 5-70 所示的尺寸为基准尺寸，并选取另外两个尺寸为要产生间距的尺寸，按 Enter 键。此时系统要求设置间距，用户可以按 Enter 键，由系统自动调整各尺寸的间距，也可以输入数值后再按 Enter 键，各尺寸将按照所输入间距数值进行分布。

图 5-70 调整平行尺寸线间距

5.6 课堂实例5-1：标注轴套零件图

本例标注轴套零件图，效果如图 5-71 所示。轴套主要用来防止轴和孔之间的磨损，它在一些转速较低，径向载荷较高且间隙要求较高的地方可用来替代滚动轴承，它的材料要求硬度低且耐磨性较好。该零件图上标注的内容主要包括线性尺寸、圆弧尺寸、尺寸公差和粗糙度符号等。

标注该零件时，用户可首先设置【标注样式】，利用【线性】工具标注一些常规尺寸，并通过标注样式的覆盖方式标注带有直径前缀的线性尺寸。然后利用编辑标注工具标注尺寸公差，并利用【多重引线】工具标注相关孔特征的尺寸。最后添加粗糙度符号即可。

图 5-71 轴套全剖视图

操作步骤

① 单击【标注样式】按钮 ，在打开的对话框中单击【修改】按钮。然后在打开的【修改标注样式】对话框中对当前标注样式的各种尺寸变量进行设置，如箭头类型、箭头大小、文字高度、文字距尺寸线的偏移量、尺寸文本的精度等，效果如图 5-72 所示。

② 单击【线性】按钮 ，标注图形的第一个尺寸。然后依次标注其他线型尺寸，效果如图 5-73 所示。

图 5-72　设置当前标注样式的各个尺寸变量　　　　图 5-73　标注线性尺寸

③ 单击【标注样式】按钮 ，在打开的对话框中单击【替代】按钮，并在打开的对话框中切换至【主单位】选项卡。然后在【前缀】文本框中输入直径代号"%%c"，单击【确定】按钮。接着利用【线性标注】工具标注线性尺寸时将自动带有直径前缀符号，效果如图 5-74 所示。

④ 在【标注样式管理器】对话框中将原来的标注样式设置为当前样式，并放弃样式替代。然后选取当前标注样式，并单击【修改】按钮。接着在打开的对话框中切换至【公差】选项卡，在【垂直位置】下拉列表中选择【中】选项，效果如图 5-75 所示。

图 5-74　标注带直径符号的线性尺寸　　　　图 5-75　设置公差相对于标注文本的位置

⑤ 双击要添加公差的标注尺寸，并在打开的文字编辑器中输入如图 5-76 所示的公差尺寸。然后选取该公差文字部分，并单击鼠标右键，在打开的快捷菜单中选择【堆叠】选项。接着在空白区域单击，并将该添加尺寸移动至合适位置，即可完成尺寸公差的标注。

⑥ 利用相同的方法，选取要添加公差尺寸的其他标注尺寸，依次添加相应的公差尺寸，效果如图 5-77 所示。

⑦ 单击【多重引线样式】按钮 🖊，在打开的对话框中按照图 5-78 所示设置多重引线样式：引线类型为直线、箭头大小为 5、引线最大端点数量为 3、禁用【自动包含基线】复选框、文字高度为 6、文字与引线末端的位置关系为【第一行加下划线】和【第一行中间】。

图 5-76 利用堆叠文字输入尺寸公差

图 5-77 添加其他公差

⑧ 单击【引线】按钮 🖊，选取如图 5-79 所示通孔中心线上一点为基点，沿右下方向拖动并单击，确定第一段引线。然后沿水平方向向右拖动至合适位置并单击，确定第二段引线。此时在打开的文字编辑器中输入 $4 \times \Phi7$，并在空白处单击即可。

图 5-78 设置多重引线样式

图 5-79 添加孔特征尺寸

⑨ 利用【线性】工具分别指定销孔的两端点，并在命令行中输入字母 M。然后按 Enter 键，在打开的文字编辑器中输入如图 5-80 所示文字，并在空白区域单击，退出文字编辑器。此时系统提示指定一点放置尺寸线，在合适位置单击放置尺寸线。

⑩ 利用【创建】和【定义属性】工具创建带属性的粗糙度符号图块。然后利用【插入】工具将粗糙度符号图块插入到如图 5-81 所示位置。

图 5-80　添加孔特征尺寸　　　　　　　图 5-81　插入带属性的粗糙度符号图块

5.7　课堂实例 5-2：标注端盖零件图

本例标注一端盖零件图，效果如图 5-82 所示。端盖是安装在电机等机壳后面的后盖。其主要作用是确定转子轴的空间位置。该端盖零件主要由盖体、轴承孔和定位通孔组成，其零件图包括主视图、俯视图、左视图和局部放大视图，其中主视图采用了全剖。该零件图上标注的内容主要包括线性尺寸、圆弧尺寸、尺寸公差、形位公差、基准和粗糙度符号等。

标注该零件图时，用户可首先利用【线性】工具标注一些常规尺寸，并利用编辑标注工具标注尺寸公差。然后通过标注样式的覆盖方式标注带有直径前缀的线性尺寸，并利用【多重引线】工具绘制形位公差

图 5-82　端盖零件图效果

指引线和剖切符号。接着利用【公差】工具添加形位公差，利用【直径】和【半径】工具标注相应圆和圆角的尺寸。最后利用【多行文字】工具添加相应文字即可。

操作步骤

① 单击【标注样式】按钮，在打开的对话框中单击【修改】按钮。然后在打开的【修改标注样式】对话框中对当前标注样式的各种尺寸变量进行设置，如箭头类型、箭头大小、文字高度、文字距尺寸线的偏移量、尺寸文本的精度等，效果如图 5-83 所示。

② 单击【线性】按钮，标注图形的第一个线性尺寸。然后依次标注其他线性尺寸，效果如图 5-84 所示。

图 5-83　设置当前标注样式的各个尺寸变量　　　　图 5-84　标注线性尺寸

③ 利用【线性】工具分别指定两定位孔的竖直中心线，并在命令行中输入字母 M。然后按 Enter 键，在打开的文字编辑器中输入文字"29%%p0.02"，并在空白区域单击，退出文字编辑器。此时系统提示指定一点放置尺寸线，在合适位置单击放置尺寸线，效果如图 5-85 所示。

④ 单击【标注样式】按钮，在打开的对话框中单击【替代】按钮，并在打开的对话框中切换至【主单位】选项卡。然后在【前缀】文本框中输入直径代号"%%c"，单击【确定】按钮。接着利用【线性标注】工具标注线性尺寸时将自动带有直径前缀符号，效果如图 5-86 所示。

图 5-85　输入文字并放置尺寸文本

图 5-86　标注带直径符号的线性尺寸

⑤ 在【标注样式管理器】对话框中将原来的标注样式设置为当前样式，并放弃样式替代。然后选取当前标注样式，并单击【修改】按钮。接着在打开的对话框中切换至【公差】选项卡，在【垂直位置】下拉列表中选择【中】选项，效果如图 5-87 所示。

⑥ 双击要添加公差的标注尺寸，并在打开的文字编辑器中输入如图 5-88 所示的公差尺寸。然后选取该公差文字部分，并单击鼠标右键，在打开的快捷菜单中选择【堆叠】选项。接着在空白区域单击，并将该添加尺寸移动至合适位置，即可完成尺寸公差的标注。

图 5-87　设置公差相对于标注文本的位置

图 5-88　利用堆叠文字输入尺寸公差

提　示

按照国家机械制图标准规定，尺寸文本后面公差文字部分的高度通常是尺寸文本高度的 0.7 倍。

⑦ 利用相同的方法选取要添加公差尺寸的其他标注尺寸，添加相应的公差尺寸，效果如图 5-89 所示。

⑧ 利用【创建】和【定义属性】工具创建带属性的基准和粗糙度符号图块。然后利用【插入】工具将基准和粗糙度符号图块分别插入到图 5-90 所示的位置。

图 5-89　利用堆叠文字输入尺寸公差　　　　图 5-90　插入带属性的基准和粗糙度符号图块

 提　示

　　在插入基准符号图块时，其插入点并不在直线、圆弧、尺寸标注线等图元上，而是位于这些图元的外部某个位置。此时用户可以打开对象捕捉追踪功能来辅助捕捉块的插入点。

⑨ 单击【多重引线样式】按钮，在打开的对话框中按照图 5-91 所示设置多重引线样式：引线形式为直线、箭头大小为 4、引线最大端点数量为 3、禁用【自动包含基线】复选框、文字高度为 4、文字与引线末端的位置关系为【第一行加下划线】和【第一行中间】。

⑩ 单击【多重引线】按钮，选取空白处任意一点，沿水平方向拖动并单击，确定第一段引线。然后沿左下方向拖动至通孔上并单击，确定第二段引线。此时在打开的文字编辑器中输入 4×Φ4。接着按 Enter 键，输入通孔均布，效果如图 5-92 所示。

图 5-91　设置多重引线样式　　　　　　图 5-92　绘制指引线并输入文字

⑪ 单击【多重引线样式】按钮，新建一多重引线样式。然后在打开的对话框中按照图 5-93 所示设置多重引线样式，并将该样式置为当前。

⑫ 利用【多重引线】工具选取空白处上任意一点，沿水平方向拖动并单击，确定第一段引线。然后沿竖直方向拖动至尺寸线并单击，确定第二段引线。接着单击空白区域，完成形位公差指引线的绘制。继续利用【多重引线】工具绘制另一条引线，效果如图 5-94 所示。

⑬ 单击【公差】按钮，在打开的对话框中分别设置形位公差符号、公差数值和基准代号。然后指定引线末端点为公差插入点，插入形位公差。接着利用【移动】工具选取该形位

公差框格左边中点为基点，并选取引线末端点为目标点，将形位公差向下移动，效果如图 5-95 所示。

图 5-93 设置多重引线样式　　　　　图 5-94 绘制形位公差指引线

⑭ 利用【多重引线】工具选取俯视图水平中心线上一点，沿水平方向向左拖动并单击，确定第一段引线。然后沿竖直方向向上拖动至合适位置并单击，确定第二段引线。接着单击空白区域，绘制剖切符号。最后通过镜像创建另一侧的剖切符号，效果如图 5-96 所示。

图 5-95 标注形位公差　　　　　图 5-96 绘制剖切符号并镜像

⑮ 利用【分解】工具将上步绘制的剖切符号分解为箭头和引线两部分。继续利用【分解】工具将两段引线分解开。然后选取第一段引线并单击鼠标右键，在打开的快捷菜单中选择【特性】选项。接着在打开的面板中修改线宽为 0.3，效果如图 5-97 所示。

注 意

　　按国家机械制图标准规定，剖切符号中表示剖切位置的线段为粗短划线。因此该步中需要将利用【多重引线】工具绘制的剖切符号分解，并修改末端线段的线宽。

⑯ 利用【移动】工具将剖切符号的箭头和竖直引线移至如图 5-98 所示的位置。然后单击【单行文字】按钮 A ，在相应位置指定起点后，系统将打开文字编辑器。接着输入字母 A，并输入旋转角度为 0°，在空白处单击完成文字输入。

⑰ 单击【直径】按钮 ，标注俯视图相应圆的直径尺寸。然后单击【半径】按钮 ，标注各个圆角的尺寸，效果如图 5-99 所示。

⑱ 利用【单行文字】工具在主视图正上方位置输入"截面 A-A"，并在主视图右下方引线位置输入字母"B"，效果如图 5-100 所示。

图 5-97 修改剖切位置线线宽   图 5-98 移动剖切符号并输入文字

图 5-99 标注直径和圆角   图 5-100 输入单行文字

⑲ 单击【多行文字】按钮 A，指定两个对角点后，将打开文字编辑器。然后输入如图 5-101 所示的文字。

图 5-101 输入多行文字

5.8 扩展练习：绘制横支架零件图

本练习绘制横支架零件图，如图 5-102 所示。该支架零件用于轴类零件和其他零件之间的横向位置定位。其左侧的底板用于与其他零件表面配合，底板内部的长方形凹槽起到定位的作用，依靠螺栓连接即可将该支架与其他零件固定；右侧的空心圆柱结构可以与轴类零件配合，中部的支撑板和肋板可以起到主要的支撑和定位作用。此类零件的特点在于结构较为复杂，支撑板和肋板特征较多。因此需要采用较多的局部剖视图，断面图以及向视图，进行各支撑板、肋板以及各固定孔截面形状的表达。

在绘制该支架零件图时，用户可以根据零件具体的形状特征绘制其表达主要结构形状的主视图和厚度尺寸的俯视图，然后根据表达零件各支撑板、肋板以及空心圆柱体上小圆孔平面的具体形状等特征的需要，进行断面图、局部剖视图以及向视图的绘制，最后为图形添加尺寸标注，以及向视图符号等文本内容，即可完成该横支架零件图的绘制。

图 5-102　横支架零件图

5.9　扩展练习：绘制减速器箱体零件图

本练习绘制减速器箱体零件图，如图 5-103 所示。减速器在机械领域中的应用非常广泛，除了部分旋转类机械，如鼓风机、水泵等直接由原动机驱动之外，绝大多数工程机械的工作部分的转速与原动机的转速不一致，因此需要使用减速器来协调原动机与工作机之间的速度。减速器箱体在减速器中起着重要的作用，一方面支撑和保护内部轴和齿轮等零件，另一方面也是减速器润滑油的主要载体，同时还起到安装固定整个减速器的作用。

通过对该箱体零件的分析可以看出，该零件的形状比较规则，主要是由起支撑和保护作用的主箱体，用来安装和固定传动轴轴承的 3个带有凸台的轴孔以及安装、固定减速器的底

图 5-103　减速器箱体零件图

座组成的。因此在确定基本视图时，首先根据加工位置、工作位置以及形状特征，确定该零件的主视图，并将其绘制为阶梯剖视图，以表达出箱壁上轴孔的结构和尺寸。然后根据能够完整、清晰地表达出零件的结构形状原则确定该零件的左视图和俯视图即可。

第 6 章

对象约束、文字和表格

文本注释和表格是产品设计过程中的重要环节，它们能够直接反映装配零件之间的位置关系以及其他重要的非图形信息。完整的尺寸标注、技术要求和明细表等注释元素不仅能够为施工或生产人员提供足够的图形尺寸信息和使用依据，而且可以表达图形不易表达的信息，从而增加图形的易懂性。

本章主要介绍文字和表格的添加和编辑方法，并详细介绍了如何添加几何约束和尺寸约束等相关内容。

本章学习目的：

➢ 掌握约束工具的使用方法
➢ 掌握文字样式的设置方法
➢ 掌握单行和多行文本的创建和编辑方法
➢ 掌握表格的创建和编辑方法

6.1 对象约束

传统的对象捕捉是暂时的，为图形对象添加约束可以更加精确地实现设计意图。在 AutoCAD 中，利用系统提供的对象约束工具将使绘图变得更加智能化。对象约束包括几何约束和尺寸约束，其中几何约束能够在对象或关键点之间建立关联，而尺寸约束则可以利用尺寸参数驱动图形形体的变化。

6.1.1 几何约束

几何约束用于确定二维对象间或对象上各点之间的几何关系，例如可以添加平行约束使两条线段平行，添加重合约束使两端点重合，添加垂直约束使两线段垂直，添加同心约束使两弧形图形同心等。

1．添加几何约束

在【参数化】选项卡的【几何】选项板中单击要添加的几何约束类型按钮，然后在绘图区中依次选取要添加该约束的对象即可完成几何约束的添加。图 6-1 所示就是添加同心约束的效果。

另外要注意的是：在添加约束时，选择两对象的先后顺序将决定对象如何更新。通常情况下，所选的第二个对象会根据第一个对象进行相应的调整。如上例所示，如在添加同心约束时将选取对象的先后顺序进行调换，最终添加的约束效果将发生相应的改变，如图 6-2 所示。【几何】选项板中各几何约束的含义可以参照表 6-1。

图 6-1　添加同心约束

图 6-2　调换约束对象顺序

表 6-1　几何约束的类型和功能

几何约束类型	功能
重合	使两个点或一个点与一条直线重合
共线	使两条直线位于同一条无限长的直线上
同心	使选取的圆、圆弧或椭圆保持同一中心点
固定	使一个点或一条曲线固定到相对于世界坐标系（WCS）的指定位置和方向上
平行	使两条直线保持相互平行
垂直	使两条直线或多段线的夹角保持 90°
水平	使一条直线或一对点与当前 UCS 的 X 轴保持平行
竖直	使一条直线或一对点与当前 UCS 的 Y 轴保持平行
相切	使两条曲线保持相切或其延长线保持相切
平滑	使一条样条曲线与其他样条曲线、直线、圆弧或多段线保持几何连续性
对称	使两条直线或两个点关于选定的直线对称
相等	使两条直线或多段线具有相同的长度，或使圆弧具有相同的半径值

2．几何约束图标

为对象添加一几何约束后，对象上将显示相应的几何约束图标，该图标即代表了用户所添加的几何约束。用户可以将这些图标拖动至屏幕上的任何位置，也可以显示或隐藏这些图标。

在【几何】选项板中单击【显示/隐藏几何约束】按钮，可以显示或隐藏指定对象已应用的几何约束图标；单击【显示所有几何约束】按钮，可以显示图形中所有已应用的几何约束图标；单击【隐藏所有几何约束】按钮 💬，可以隐藏图形中所有已应用的几何约束图标，如图 6-3 所示。

　　此外，若在【几何】选项板中单击【自动约束】按钮 🔓，系统将根据选取的对象自动添加相应的几何约束。用户可以单击该选项板右下角的箭头按钮，在打开的【约束设置】对话框中切换至【自动约束】选项卡，然后指定系统自动添加的约束类型以及各自动约束间的优先级别，如图 6-4 所示。

图 6-3　显示或隐藏所有几何约束

图 6-4　【自动约束】选项卡

6.1.2　尺寸约束

　　尺寸约束控制着二维图形的大小、角度和两点间的距离等参数。该类约束可以是数值，也可以是变量或方程式。改变尺寸约束，则约束将驱动对象发生相应的变化。如两个孔需始终保持一定的间距，就可以利用尺寸约束强制保持该距离，而几何体其他部分发生任何变化都不会对其产生影响。

1．添加尺寸约束

　　在【参数化】选项卡的【标注】选项板中，用户可以利用相关工具为已添加几何约束的图形对象进一步地添加各种尺寸约束，效果如图 6-5 所示。【标注】选项板中各尺寸约束按钮的功能可以参照表 6-2。

图 6-5　添加尺寸约束

表 6-2　尺寸约束的类型和功能

尺寸约束类型	功能
线性 🔓	约束两点之间的水平或竖直距离
对齐 🔓	约束两点、点与直线、直线与直线之间的距离
半径 🔓	约束圆或者圆弧的半径
直径 🔓	约束圆或者圆弧的直径
角度 🔓	约束直线之间的夹角、圆弧的圆心角或 3 个点构成的角度

2．尺寸约束模式

尺寸约束分为【动态约束模式】和【注释性约束模式】两种。其中，前者的标注外观由固定的预定义标注样式决定，不能修改，且不能被打印，在缩放过程中保持相同大小；后者的标注外观由当前标注样式决定，可以修改，也可以被打印，在缩放过程中大小将发生变化，并且可把注释性约束与图形放置在同一图层上。二者的对比效果如图 6-6 所示。

在【参数化】选项卡的【标注】选项板中单击【动态约束模式】按钮 ，则标注的尺寸约束均为动态约束；单击【注释性约束模式】按钮 ，则标注的尺寸约束均为注释性约束。另外，这两类尺寸约束可以相互转换，用户只需选择相应的尺寸约束，并单击鼠标右键选择【特性】选项，然后在打开的【特性】面板的【约束形式】下拉列表中指定所需的模式即可，效果如图 6-7 所示。

图 6-6　动态约束与注释性约束

6.2　文字样式

图样中一般都含有文字注释，它们表达了许多重要的非图形信息，如图形对象注释、标题栏信息和规格说明等。为图形添加完备且布局适当的文字说明不仅可以使图样更好地表达出设计思想，同时也可以使图纸本身显得清晰整洁。

图 6-7　两种尺寸约束模式的转换

6.2.1　创建文字样式

在向图形中添加文字之前，用户需要预先定义使用的文字样式，即定义其中文字的字体、字高和文字倾斜角度等参数。如果在创建文字之前未对文字样式进行相关定义，则键入的所有文字都将使用当前文字样式，不便于调整和管理文字。

与设置尺寸标注样式一样，在添加文字说明或注释过程中，不同的文字说明需要使用的文字样式各不相同，可以根据具体要求新建多个文字样式。

在【注释】选项板中单击【文字样式】按钮 ，系统将打开【文字样式】对话框，如图 6-8 所示。此时单击该对话框中的【新建】按钮，并输入新样式名称，然后设置相应的文字参数选项，即可创建新的文字样式。该对话框中各主要选项的含义分别介绍如下。

- ❑ **置为当前**　【样式】列表框中显示了图样中所有文字样式的名称，用户可以从中选择一个，并单击相应的选项，使其成为当前样式。

❑ **字体名** 该下拉列表列出了所有的字体类型。其中带有双"T"标志的字体是 Windows 系统提供的"TrueType"字体，其他字体是 AutoCAD 提供的字体（*.shx）。而"gbenor.shx"和"gbeitc.shx"（斜体西文）字体是符合国标的工程字体，如图 6-9 所示。

图 6-8 【文字样式】对话框　　　　　　　图 6-9 字体类型

提—示

　　在【字体名】下拉列表框中，带有"@"符号的字体类型表示文字竖向排列；字体名称不带"@"符号表示文字横向排列。

❑ **字体样式** 如果用户指定的字体支持不同的样式，如粗体或斜体等，该选项将被激活以供用户选择。

❑ **使用大字体** 大字体是指专为亚洲国家设计的文字字体。该复选框只有在【字体名】列表框中选择 shx 字体时才处于激活状态。当启用该复选框时，用户可在右侧的【大字体】下拉列表中选择所需字体，如图 6-10 所示。

图 6-10 使用大字体

提—示

　　"gbcbig.shx"字体是符合国标的工程汉字字体，并且该字体中不包含西文字体定义，因而可将其与"gbenor.shx"和"gbeitc.shx"字体配合使用。

❑ **高度** 在该文本框中可以键入数值以设置文字的高度。如果对文字高度不进行设置，其默认值为 0，且每次使用该样式时，命令行都将提示指定文字高度，反之将不会出现提示信息。另外，该选项不能决定单行文字的高度。

- **注释性**　启用该复选框，在注释性文字对象添加到视图文件之前将注释比例与显示这些对象的视口比例设置为相同的数值，即可使注释对象以正确的大小在图纸上打印或显示。

- **效果**　在该选项组中可以通过启用 3 个复选框来设置输入文字的效果。其中，启用【颠倒】复选框，文字将上下颠倒显示，且只影响单行文字；启用【反向】复选框，文字将首尾反向显示，它也仅影响单行文字；启用【垂直】复选框，文字将垂直排列。文字的各种效果如图 6-11 所示。

图 6-11　文字的各种效果

- **宽度因子**　默认的宽度因子为 1。若用户输入小于 1 的数值，文本将变窄；反之将变宽，效果如图 6-12 所示。

- **倾斜角度**　该文本框用于设置文本的倾斜角度。输入的角度为正时，文本向右倾斜；输入的角度为负时，文本向左倾斜，效果如图 6-13 所示。

图 6-12　设置文字的宽度因子图

6.2.2　编辑文字样式

文字样式的修改也是在【文字样式】对话框中进行设置的。当一文本样式进行修改后，与该文本样式相关联的图形中的文本将进行自动更新。如果文本显示不出来，可能是由于文本样式所连接的字体不合适所引起的。文本样式的修改要注意以下几点。

图 6-13　设置文字的倾斜角度

- 修改完成后单击【应用】按钮，修改才会生效。且此时 AutoCAD 将立即更新图样中与该文字样式相关联的文字。
- 当修改文字样式连接的字体文件时，AutoCAD 将改变所有文字外观。
- 当修改文字的"颠倒"、"反向"和"垂直"特性时，AutoCAD 将改变单行文字外观。而修改文字高度、宽度因子和倾斜角度时，则不会引起已有单行文字外观的改变，但将影响此后创建的文字对象。
- 对于多行文字只有设定"垂直"、"宽度因子"和"倾斜角度"选项，才会影响已有多行文字的外观。

6.3 单行文本

单行文字适用于标注一些不需要多种字体样式的简短内容，如标签、规格说明等。

利用【单行文字】工具不仅可以设定文本的对齐方式和文本的倾斜角度，而且还可以在不同的地方单击以定位文本的放置位置。

6.3.1 创建单行文字

利用【单行文字】工具创建的文字注释，其每一行就是一个文字对象。用户利用该工具不仅可以一次性地在图纸中任意位置添加所需的文本内容，而且可以单独地对每一行文字进行编辑修改。

在【注释】选项板中单击【单行文字】按钮 A，并在绘图区中任意单击一点指定文字起点。然后设定文本的高度，并指定文字的旋转角度为 0°，即可在文本框中输入文字内容。完成文本的输入后，在空白区域单击，并按 ESC 键，即可退出文字输入状态，效果如图 6-14 所示。

图 6-14 输入单行文字

> **提 示**
>
> 在输入文字时，屏幕上将显示所输入的文字内容，这一屏幕预演功能使用户可以很容易地发现文本输入的错误，以便及时进行修改。

6.3.2 对正单行文字

启用【单行文字】命令后，系统提示输入文本的起点。该起点和实际字符的位置关系由文字对正方式所决定。默认情况下文本是左对齐的，即指定的起点是文字的左基点。用户如果要改变单行文字的对正方式，可以输入字母 J 并按 Enter 键，系统将打开如图 6-15 所示的对正快捷菜单。该菜单中各对正方式的含义分别介绍如下。

图 6-15 文字左对齐效果

- **对齐** 选择该选项，系统将提示选择文字基线的第一个端点和第二个端点。当用户指定两个端点并输入文本后，系统将把文字压缩或扩展，使其充满指定的宽度范围，而文字高度则按适当的比例变化以使文本不至于被扭曲。
- **布满** 选择该选项，系统也将压缩或扩展文字，使其充满指定的宽度范围，但保持文字的高度等于所输入的高度值，效果如图 6-16 所示。

❑ **其他对正方式**　在【对正】快捷菜单中用户还可以通过另外的 12 种类型来设置文字起点的对正方式，这 12 种类型对应的起点效果如图 6-17 所示。

图 6-16　对齐和布满的对比效果　　　　　　图 6-17　设置起点位置

6.3.3　插入特殊符号

图 6-18　输入直径符号

零件图中常用到的许多符号并不能通过标准键盘直接输入，如文字的下划线和直径代号等。当用户利用【单行文字】工具来创建文字注释时，必须输入特殊的代码来产生特定的字符，如图 6-18 所示。这些代码对应的特殊符号可以参照表 6-3。

表 6-3　特殊字符所对应的代码

代码	字符
%%o	文字的上划线
%%u	文字的下划线
%%d	角度符号
%%p	表示"±"
%%c	直径符号

> **提　示**
>
> 利用【单行文字】工具也可以输入多行文字，只需按 Enter 键进行行的切换即可。虽然用户不能控制各行的间距，但其优点是文字对象的每一行都是一个单独的实体，用户对每一行都可以很容易地进行定位和编辑。

6.4　多行文本

多行文字又称为段落文字，是一种更易于管理的文字对象，它可以由两行以上的文字组成，而且各行文字都是作为一个整体处理。利用【多行文字】工具可以指定文本分布的宽度，且沿竖直方向可以无限延伸。此外，用户还可以设置多行文字中的单个字符或某一部分文字的字体、宽度因子和倾斜角度等属性。

6.4.1 多行文字编辑器

在【注释】选项板中单击【多行文字】按钮 A，并在绘图区中任意位置单击一点确定文本框的第一个角点，然后拖动光标指定矩形分布区域的另一个角点。该矩形边框即确定了段落文字的左右边界，且此时系统将打开【文字编辑器】选项卡和文字输入窗口，如图 6-19 所示。

图 6-19 【文字编辑器】选项卡和文字输入窗口

在该选项卡的各选项板中可以设置所输入字体的各种样式，如字体、大小写、特殊符号和背景遮蔽效果等。该选项卡中各主要选项的含义介绍如下。

❑ **样式** 在【样式】选项板的列表框中可以指定多行文字的文字样式，而在右侧的【文字高度】文本框中可以选择或输入文字的高度。且多行文字对象中可以包含不同高度的字符。

❑ **格式** 在该选项板的【字体】下拉列表中可以选择所需的字体，且多行文字对象中可以包含不同字体的字符。如果所选字体支持粗体，单击【粗体】按钮 B，文本将修改为粗体形式；如果所选字体支持斜体，单击【斜体】按钮 I，文本将修改为斜体形式；而单击【上划线】按钮 U 或【下划线】按钮 O，系统将为文本添加上划线或下划线，效果如图 6-20 所示。

图 6-20 以倾斜方式显示文字

❑ **大小写** 在【格式】选项板中单击【大写】按钮 或【小写】按钮 可以控制所输入的英文字母的大小写，效果如图 6-21 所示。

□ **背景遮蔽**　通常输入文字的矩形文本框是透明的。若要关闭其透明性，用户可以在【格式】选项板中单击【背景遮蔽】按钮 ，此时在打开的对话框中启用【使用背景遮蔽】复选框，并在【填充颜色】下拉列表中选择背景的颜色即可。此外，在【边界偏移因子】文本框中还可以设置遮蔽区域边界相对于矩形文本框边界的位置，如图6-22所示。

图 6-21　控制字母的大小写

□ **段落**　单击该选项板中的各功能按钮或者在【对正】下拉列表中选择对应的对齐选项，即可设置文字的对齐方式，如图6-23所示。此外，在【行距】下拉列表中还可以指定每行的行距。

图 6-22　设置背景遮蔽

图 6-23　设置正中对齐

□ **插入**　在该选项板中单击【符号】按钮@，可以在其下拉列表中选择各种要插入的特殊符号，如图6-24所示。

□ **工具**　在该选项板中单击【查找和替换】按钮 ，可以利用打开的对话框查找文本并进行替换，如图6-25所示。此外，如在该选项板中选择【自动大写】选项，则所输入的英文字母均为大写状态。

图 6-24　插入度数符号

6.4.2　创建多行文字

输入多行文字时，用户可以随时选择不同字体和指定不同字高，并可以输入任何特殊字符以及一些公差类文字。接下来以输入一零件图的技术要求为例，介绍多行文字的具体操作过程。

如图 6-26 所示，指定两个对角点确定矩形文本区域，并指定文字样式和字体类型以及字体高度。此时输入第一行标题后，按 Enter 键即可输入第二行文字。然后在【插入】选项卡中单击【符号】按钮@，并在其下拉列表中选择角度符号。

接着输入锥形角的符号。同样在【插入】选项卡中单击【符号】按钮@，并在其下拉列表中选择【其他】选项。然后在打开的【字符映射表】对话框的【字体】下拉列表中选择字体样式为"Symbol"，选择所需字符 α，并单击【选择】按钮，再单击【复制】按钮。接着返回至多行文字编辑器窗口，在需要插入 α 符号的位置单击鼠标右键，在打开的快捷菜单中选择【粘贴】即可，效果如图 6-27 所示。

接下来输入公差形式文字。如图 6-28 所示，选取所输入的公差文字"+0.2^-0.1"，然后单击鼠标右键，在打开的快捷菜单中选择【堆叠】选项，即可将其转换为符合国标的公差形式。

选取第一行文字修改其高度。然后拖动标尺右侧的按钮调整多行文字的宽度，拖动矩形框下方的按钮调整多行文字段落的高度，效果如图 6-29 所示。

图 6-25　查找并替换文本

图 6-26　输入倒角角度符号

图 6-27　输入锥形角符号

图 6-28　输入公差文字

此外，拖动标尺左侧第一行的缩进滑块可以改变所选段落第一行的缩进位置；拖动标尺左侧第二行的缩进滑块可以改变所选段落其余行的缩进位置，效果如图 6-30 所示。

6.5　创建表格

表格主要用来展示与图形相关的标准、数据信息、材料和装配信息等内容。由于图形类型的不同，它们使用的表格以及表格表现的数据信息也不同。这就需要用户设置符合产品设计的表格样式，并利用表格功能快速、清晰和醒目地反映出设计思想及创意。

6.5.1　设置表格样式

根据制图标准的不同，而对应表格表现的数据信息也不同的情况下，仅仅使用系统默认的表格样式远远不能达到制图的需求，这就需要定制单个或多个表格，使其符合当前产品的设计要求。

表格对象的外观由表格样式控制，默认情况下表格样式是 Standard，用户可以根据需要创建新的表格样式。在【注释】选项板中单击【表格样式】按钮 ，即可在打开的【表格样式】对话框中新建、修改和删除相应的表格样式。该对画框如图 6-31 所示。

在该对话框中单击【新建】按钮，在打开的对话框中输入新样式名称，并在【基础样式】下拉列表中选择新样式的原始样式。然后单击【继续】按钮，即可在打开的【新建表格样式】对话框中对新表格样式进行详细的设置，如图 6-32 所示。【新建表格样式】对话框中各主要选项的含义介绍如下。

图 6-29　调整文字输入区域的大小

图 6-30　调整文字段落的缩进

图 6-31　【表格样式】对话框

图 6-32　创建新表格样式

❑ **表格方向** 在该下拉列表中可以指定表格的方向：选择【向下】选项将创建从上到下的表对象，标题行和列标题行位于表的顶部；选择【向上】选项将创建从下到上的表对象，标题行和列标题行位于表的底部，效果如图 6-33 所示。

图 6-33 设置表格方向

❑ **特性** 切换至【常规】选项卡，在该选项组的【填充颜色】下拉列表中可以指定表格单元的背景颜色，默认为【无】；在【对齐】下拉列表中可以设置表格单元中文字的对齐方式，效果如图 6-34 所示。

❑ **页边距** 该选项组用于控制单元边界和单元内容之间的间距：【水平】选项用于设置单元文字与左右单元边界之间的距离；【垂直】选项用于设置单元文字与上下单元边界之间的距离，效果如图 6-35 所示。

图 6-34 设置标题单元格的特性

❑ **文字** 在该选项卡的【文字样式】下拉列表中可以指定文字的样式，若单击【文字样式】按钮 ，还可在打开的【文字样式】对话框中创建新的文字样式；在【文字高度】文本框中可以输入文字的高度；在【文字颜色】下拉列表中可以设置文字的颜色，效果如图 6-36 所示。

❑ **边框** 该选项卡用于控制数据单元、列标题单元和标题单元的边框特性。其中【线宽】列表框用于指定表格单元的边界线宽；【线型】列表框用于控制表格单元的边界线类型；【颜色】列表框用于指定表格单元的边界颜色，如图 6-37 所示。此外单击下方的一排按钮，可以将设置的特性应用到指定的边框。各个功能按钮的含义可以参照表 6-4。

图 6-35 设置页边距

图 6-36 设置标题文字的高度

图 6-37 设置边框的宽度

表6-4　边框各按钮的含义

按钮	含义
所有边框 ⊞	将边界特性设置应用于所有单元
外边框 ◻	将边界特性设置应用于单元的外部边界
内边框 ⊞	将边界特性设置应用于单元的内部边界
底部边框 ▭	将边界特性设置应用于单元的底边界
左边框 ▯	将边界特性设置应用于单元的左边界
上边框 ▭	将边界特性设置应用于单元的顶边界
右边框 ▯	将边界特性设置应用于单元的右边界
无边框 ▭	隐藏单元的边框

6.5.2　添加表格

表格是在行和列中包含数据的对象，用户在完成表格样式的设置后，便可以从空表格或表格样式开始创建表格对象。当表格创建完成后，用户还可以单击该表格上的任意网格线以选中该表格，通过使用【特性】选项板或夹点来修改该表格。

1. 插入表格

在【注释】选项板中单击【表格】按钮 ▦，系统将打开【插入表格】对话框，如图6-38所示。该对话框中各主要选项的含义介绍如下。

图6-38　【插入表格】对话框

❑ 表格样式

用户可以在【表格样式】下拉列表中选择相应的表格样式，也可以单击【启用"表格样式"对话框】按钮 ⬚，重新创建一个新的表格样式应用于当前的对话框。

❑ 插入选项

该选项组中包含3个单选按钮。其中，选择【从空表格开始】单选按钮，可以创建一个空的表格；选择【自数据链接】单选按钮，可以从外部导入数据来创建表格；选择【自图形中的对象数据（数据提取）】单选按钮，可以从可输出到表格或外部文件的图形中提取数据来创建表格。

❑ 插入方式

该选项组中包括两个单选按钮。其中，选择【指定插入点】单选按钮，可以在绘图窗口中的某点插入固定大小的表格；选择【指定窗口】单选按钮，可以在绘图窗口中通过指定表格两对角点来创建任意大小的表格。

❑ 列和行设置

在该选项组中可以通过改变【列数】、【列宽】、【数据行数】和【行高】文本框中的数值来调整表格的外观大小。

❑ 设置单元样式

在该选项组中可以设置各行的单元格样式。

一般情况下，系统均以"从空表格开始"插入表格，分别设置好列数和列宽、行数和行宽后，单击【确定】按钮。然后在绘图区中指定相应的插入点，即可在当前位置插入一个表格。

图 6-39　设置表格参数

2．添加表格注释

单击【表格】按钮，并在打开的对话框中选择已设定好的表格样式。然后分别设置列数、列的宽度数值、数据行数、行的高度数值，效果如图 6-39 所示。

单击【确定】按钮，然后在绘图区中指定一点以放置表格。此时标题单元格将处于自动激活状态，并打开【文字编辑器】选项卡。接着在该单元格中输入相应的文字，效果如图 6-40 所示。

完成标题栏文字的输入后，在该表格的其他指定位置依次双击相应的单元格，使其处于激活状态，然后输入要添加的文字，即可完成零件图明细表的创建，效果如图 6-41 所示。

图 6-40　输入标题栏文字

图 6-41　输入其他单元格文字

6.5.3　编辑表格

用户在对所插入的表格进行编辑时，不仅可以对表格进行整体编辑，还可以对表格中的各单元进行单独编辑。

1．通过夹点编辑表格单元

单击需要编辑的表格单元，此时该表格单

图 6-42　拖动夹点调整单元格大小

元的边框将加粗亮显，并在表格单元周围出现夹点。拖动表格单元上的夹点可以改变该表格单元及其所在列或行的宽度或高度，效果如图 6-42 所示。

如果要选取多个单元格，可以在欲选取的单元格上单击并拖动。如图 6-43 所示，在一单元格上单击并向下拖动，即可选取整列。然后向右拖动该列的夹点可以调整整列的宽度。此外也可以按住 Shift 键在欲选取的两个单元格内分别单击，这样可以同时选取这两个单元格以及它们之间的所有单元格。

2．通过菜单编辑表格单元

选取表格单元或单元区域并右击，在打开的快捷菜单中选择【特性】选项，即可在打开的【特性】面板中修改单元格的宽度和高度，效果如图 6-44 所示。

图 6-43　拖动夹点调整整列单元格的大小

图 6-44　通过菜单修改单元格特性

3．通过工具编辑表格单元

选取一单元格，系统将打开【表格单元】选项卡，如图 6-45 所示。在该选项卡的【行】和【列】选项板中，用户可以通过各个工具按钮对行或列进行添加或删除操作。此外通过【合并】选项板中的工具按钮还可以对多个单元格进行合并操作，具体介绍如下。

图 6-45　【表格单元】选项卡

❑　插入行

框选表格中一整行，在【行】选项板中单击【在上方插入】按钮，系统将在该行正上方插入新的空白行，效果如图 6-46 所示。而单击【在下方插入】按钮，系统将在该行正下方插入新的空白行。

图 6-46　从上方插入行

❑　插入列

框选表格中一整列，在【列】选项板中单击【在左侧插入】按钮，系统将在该列左侧插入新的空白列；而单击【在右侧插入】按钮，系统将在该列右侧插入新的空白列，效果如图 6-47 所示。

❑ 合并行或列

在【合并】选项板中单击【按列合并】按钮▦，可以将所选列的多个单元格合并为一个；单击【按行合并】按钮▦，可以将所选行的多个单元格合并为一个；单击【合并全部】按钮▦，可以将所选行和列合并为一个，效果如图 6-48 所示。

图 6-47　从左侧插入列

图 6-48　按列合并单元格

❑ 取消合并

用户如果要取消合并操作，可以选取合并后的单元格，在【合并】选项板中单击【取消合并单元】按钮▦，表格即可恢复原状，效果如图 6-49 所示。

❑ 编辑表指示器

表指示器的作用是标识所选表格的列标题和行号，在 AutoCAD 中可以对表指示器进行以下两种类型的编辑。

➤ 显示／隐藏操作

默认情况下，用户选定表格单元进行编辑时，表指示器将显示列标题和行号。为了便于编辑表格，用户可以使用 TABLEINDICATOR 系统变量指定打开和关闭该显示。

当在命令行中输入该命令后，系统将显示"输入 TABLEINDICATOR 的新值<1>:"的提示信息。如果直接按 Enter 键，系统将使用默认设置，显示列标题和行号；如果在命令行中输入 0，系统将关闭列标题和行号的显示，效果如图 6-50 所示。

➤ 设置表格单元背景色

默认状态下，当在表格中显示列标题和行号时，表指示器均有一个背景色区别于其他表格单元，并且这个背景色也是可以编辑的。

要设置新的背景色，可以选中整个表格并单击鼠标右键，在打开的快捷菜单中选择

图 6-49　取消单元格合并

图 6-50　控制表指示器的显示

图 6-51　设置表指示器背景色

【表指示器颜色】选项，然后在打开的对话框中指定所需的背景色即可，效果如图 6-51 所示。

6.6　课堂实例 6-1：标注泵盖零件图

本例标注一泵盖零件图，效果如图 6-52 所示。泵盖是齿轮泵中的主要零件，主要用于齿轮泵的封闭和固定内部齿轮以及齿轮轴轴承。该零件图主要包括主视图和剖视图，主视图采用了旋转阶梯剖。该零件图采用 A4 图纸，其上标注的内容主要包括线性尺寸、

图 6-52　泵盖零件图效果

尺寸公差、形位公差、基准和粗糙度符号以及标题栏和技术要求等。

标注该零件图时，可首先利用【线性】工具标注一些常规尺寸，并利用编辑标注工具标注尺寸公差。然后利用【多重引线】工具绘制形位公差指引线和剖切符号，并利用【公差】

工具添加形位公差。接着利用【矩形】工具绘制图纸图框，并利用【表格】工具创建图纸的标题栏。最后利用【多行文字】工具添加技术要求文字即可。

图 6-53　设置当前标注样式的各个尺寸变量

操作步骤

① 单击【标注样式】按钮 ，在打开的对话框中单击【修改】按钮。然后在打开的【修改标注样式】对话框中对当前标注样式的各种尺寸变量进行设置，如箭头类型、箭头大小、文字高度、文字距尺寸线的偏移量、尺寸文本的精度等，效果如图 6-53 所示。

② 单击【线性】按钮 ，标注图形的第一个线性尺寸。然后依次标注其他线性尺寸，效果如图 6-54 所示。

③ 利用【线性】工具分别指定销孔的两端点，并在命令行中输入字母 M。然后按 Enter 键，在打开的文字编辑器中输入如图 6-55 所示的文字，并在空白区域单击，退出文字编辑器。此时系统提示指定一点放置尺寸线，在合适位置单击放置尺寸线。

图 6-54　标注线性尺寸

图 6-55　输入文字并放置尺寸文本

④ 按照上步的方法，继续利用【线性】工具标注其他孔的线性尺寸，效果如图 6-56 所示。

⑤ 在【标注样式管理器】对话框中单击【修改】按钮。然后在打开的对话框中切换至【公差】选项卡，在【垂直位置】下拉列表中选择【中】选项，效果如图 6-57 所示。

图 6-56 标注其他线性尺寸

图 6-57 设置公差相对于标注文本的位置

⑥ 双击要添加公差的标注尺寸，并在打开的文字编辑器中输入如图 5-58 所示的公差尺寸。然后选取该公差文字部分，并单击鼠标右键，在打开的快捷菜单中选择【堆叠】选项。接着在空白区域单击，并将该添加尺寸移动至合适位置，即可完成尺寸公差的标注。

⑦ 利用【创建】和【定义属性】工具创建带属性的基准符号图块。然后利用【插入】工具将基准符号图块分别插入到如图 6-59 所示的位置。

⑧ 单击【多重引线样式】按钮，在打开的对话框中按照图 6-60 所示设置多重引线样式：引线形式为直线、箭头大小为 8、引线最大端点数量为 3、禁用【自动包含基线】复选框、文字高度为 4、文字与引线末端的位置关系为【第一行中间】和【第一行加下划线】。

⑨ 单击【多重引线】按钮，选取孔中心线上一点，沿左上方向拖动并单击，确定第一段引线。然后沿水平方向拖动并单击，确定第二段引线。此时在打开的文字编辑器中输入 Φ11。接着按 Enter 键，输入"深 6"，效果如图 6-61 所示。

⑩ 单击【多重引线样式】按钮，新建一多重引线样式。然后在打开的对话框

图 6-58 利用堆叠文字输入尺寸公差

图 6-59 插入带属性的基准符号图块

图 6-60 设置多重引线样式

中按照图 6-62 所示设置多重引线样式，并将该样式置为当前。

图 6-61　绘制指引线并编辑文字

图 6-62　设置多重引线样式

⑪　利用【多重引线】工具选取图 6-63 所示尺寸界线上一点，沿竖直方向拖动并单击确定一段引线。此时在打开的文字编辑器中单击，退出文字输入状态，即可完成形位公差指引线的绘制。然后采用相同的方法绘制另一条形位公差指引线。

图 6-63　绘制公差指引线

⑫　单击【公差】按钮，在打开的对话框中分别设置形位公差符号、公差数值和基准代号。然后指定引线的末端点为公差插入点，插入形位公差。接着利用【旋转】工具指定框格的左边中点为旋转基点，将该形位公差旋转 90°，效果如图 6-64 所示。

⑬　单击【公差】按钮，在打开的对话框中按照图 6-65 所示分别设置形位公差符号、公差数值和基准代号。然后按照上步的方法插入并旋转公差。

图 6-64　插入并旋转形位公差

⑭　利用【创建】和【定义属性】工具创建带属性的粗糙度符号图块，并利用【插入】工具分别将粗糙度符号图块插入到如图 6-66 所示的不同位置。

⑮　利用【多重引线】工具在空白处绘制如图 6-67 所示的引线。然后利用【旋转】工具选取该引线为旋转对象，选取引线起点为旋转基点，并输入旋转角度为 45°。接着利用【移动】工具将旋转后的引线移至图中相应位置。

图 6-65　标注形位公差

图 6-66　插入带属性的粗糙度符号图块

图 6-67　绘制引线并旋转移动

⑯　利用【多重引线】工具在主视图相应位置，绘制如图 6-68 所示的引线。然后单击【单行文字】按钮Ａ，在相应位置指定起点后，系统将打开文字编辑器。接着输入字母 A，并输入旋转角度为 0°，在空白处单击完成文字输入。

⑰　利用【分解】工具将以上两步绘制的多重引线分解为箭头和引线两部分。继续利用【分解】工具将两段引线分解开。然后选取第一段引线，并单击鼠标右键，在打开的快捷菜单中选择【特性】选项。接着在打开的面板中修改线宽为 0.3，效果如图 6-69 所示。

图 6-68　绘制引线并输入文字

⑱　单击【半径】按钮◎，标注主视图各个圆的半径尺寸。然后单击【角度】按钮△，标注销孔中心线与竖直中心线的角度。接着利用【单行文字】工具在剖视图正上方输入文字"A-A"，效果如图 6-70 所示。

图 6-69　修改剖切位置线线宽

图 6-70　标注半径和角度并输入文字

⑲　绘制尺寸为 297mm×210mm 的矩形。继续利用【矩形】工具在命令行中输入命令 From，选取该矩形的左下角点 A 为基点，输入偏移坐标（@25，5）确定第一对角点。然后输入相对坐标（@267，200）确定第二对角点。接着利用【移动】工具将这两个矩形移至如图 6-71 所示的位置。

⑳　单击【表格样式】按钮▣，在打开的对话框中单击【修改】按钮。然后按照图 6-72 所示对

图 6-71　绘制图纸边框

当前表格样式的各个变量进行设置。

21 单击【表格】按钮▦，在打开的对话框中设置列数为 12、列宽为 20、行数为 6、行高为 1 行。然后设置每个单元行的样式均为数据行，效果如图 6-73 所示。

图 6-72 设置当前表格样式　　　　　　　图 6-73 设置插入表格的属性

提 示

在该步中用户实际上可以任意设置行数、列数、行高和列宽等参数，因为这些表格参数用户在绘图区创建表格后，可以根据需要对这些表格参数任意进行编辑修改。

22 单击【确定】按钮，在绘图区任意指定一点为插入点，插入表格。然后选取如图 6-74 所示的两个单元格，在【合并】选项板中单击【按行合并】按钮▦，将这两个单元格合并。

23 选取如图 6-75 所示的两个单元格，在【合并】选项板中单击【按列合并】按钮▦，将这两个单元格合并。

图 6-74 合并单元格

24 按照上两步的方法选取表格中相应的其他单元格，按行按列合并单元格，效果如图 6-76 所示。

25 双击如图 6-77 所示单元格，在打开的文字编辑器中输入第一个单元格的文字内容。然后依次选取其他单元格输入相应文字，并编辑各文字的高度。

26 利用【移动】工具选取标题栏的右下角点为基点，并选取图纸图框的内右下端点为目标点移动标题栏，效果如图 6-78 所示。

图 6-75 合并单元格

图 6-76　合并单元格

图 6-78　移动标题栏效果

图 6-77　编辑文字

　　绘制的这张图纸可以删除图形只保留图框和标题栏。然后将其另存为.dwt 格式的文件作为以后的图纸模板，方便调用。

　　27　单击【多行文字】按钮 **A**，指定两个对角点后，系统将打开文字编辑器。然后输入如图 6-79 所示的技术要求文字。至此该零件图标注完成。

图 6-79　添加技术要求

6.7　课堂实例 6-2：标注缸体零件图

　　本例标注缸体的全剖主视图，如图 6-80 所示。该零件图采用 A4 图纸，其上标注的内容主要包括线性尺寸、圆弧尺寸、尺寸公差和粗糙度符号以及标题栏和技术要求等。

标注该零件图时，用户可首先设置【标注样式】，然后利用【线性】工具标注一些常规尺寸，并通过标注样式的覆盖方式标注带有直径前缀的线性尺寸。然后利用编辑标注工具标注尺寸公差，并利用【多重引线】工具标注相关孔特征的尺寸。接着添加粗糙度符号，利用【矩形】工具绘制图纸边框，并利用【表格】工具插入表格。最后输入文字效果即可。

图 6-80　缸体零件图

操作步骤

① 单击【标注样式】按钮，在打开的对话框中单击【修改】按钮。然后在打开的【修改标注样式】对话框中对当前标注样式的各种尺寸变量进行设置，如箭头类型、箭头大小、文字高度、文字距尺寸线的偏移量、尺寸文本的精度等，效果如图6-81所示。

图 6-81　设置当前标注样式的各个尺寸变量

② 单击【线性】按钮，标注图形中的第一个线性尺寸，然后依次标注其他线性尺寸，效果如图6-82所示。

③ 利用【线性】工具分别指定螺纹孔的两端点，并在命令行中输入字母 M。然后按 Enter键，在打开的文本编辑器中输入如图6-83所示的文字，并在空白区域单击，退出文本编辑器。此时系统提示指定一点放置尺寸线，在合适位置单击放置尺寸线。

图 6-82　标注线性尺寸

图 6-83　输入文字并放置尺寸文本

④ 按照上步的方法继续利用【线性】工具标注其他孔的线性尺寸，效果如图 6-84 所示。

⑤ 单击【标注样式】按钮，在打开的对话框中单击【替代】按钮，并在打开的对话框中切换至【主单位】选项卡。然后在【前缀】文本框中输入直径代号 "%%c"，单击【确定】按钮。接着利用【线性标注】工具标注线性尺寸时将自动带有直径前缀符号，效果如图 6-85 所示。

图 6-84 标注其他线性尺寸

⑥ 在【标注样式管理器】对话框中将原来的标注样式设置为当前样式，并放弃样式替代。然后选取当前标注样式，并单击【修改】按钮。接着在打开的对话框中切换至【公差】选项卡，在【垂直位置】下拉列表中选择【中】选项，效果如图 6-86 所示。

图 6-85 标注带有直径符号的线性尺寸

图 6-86 设置公差相对于文本的标注样式

⑦ 双击要添加公差的标注尺寸，并在打开的文本编辑器中输入如图 6-87 所示的公差尺寸。然后选取该公差文字部分，并单击鼠标右键，在打开的快捷菜单中选择【堆叠】选项。接着在空白区域单击，并将该添加尺寸移动至合适位置，即可完成尺寸公差的标注。

⑧ 利用【创建】和【定义属性】工具创建带属性的基准符号图块。然后利用【插入】工具将基准符号图块分别插入到如图 6-88 所示的位置。

⑨ 单击【多重引线样式】按钮，新建一多重引线样式。然后在打开的对话框中按照图 6-89 所示设置多重引线样式，并将该样式置为当前。

图 6-87 利用堆叠文字输入尺寸公差

图 6-88　插入带属性的基准符号图块

图 6-89　设置多重引线样式

⑩ 利用【多重引线】工具选取如图 6-90 所示的尺寸界线为第一点，沿竖直方向拖动并单击确定一段引线。此时在打开的文本编辑器中单击，退出文字输入状态，即可完成形位公差指引线的绘制。然后采用相同的方法绘制另一条形位公差指引线。

图 6-90　绘制公差指引线

⑪ 单击【公差】按钮🔲，在打开的对话框中分别设置形位公差符号、公差数值和基准代号。然后指定引线的末端点为公差插入点，插入形位公差。接着利用【旋转】工具指定框格的左边中点为旋转基点，将该形位公差旋转 90°，效果如图 6-91 所示。

⑫ 继续利用【公差】工具，在打开的对话框中按照图 6-92 所示分别设置形位公差符号、公差数值和基准代号，并插入该形位公差。

图 6-91　插入并旋转形位公差

⑬ 利用【创建】和【定义属性】工具创建带属性的粗糙度符号图块，并利用【插入】工具将粗糙度符号图块分别插入到如图 6-93 所示的不同位置。

⑭ 绘制尺寸为 297mm×210mm 的矩形轮廓。继续利用【矩形】工具在命令行中输入 From 指令，选取该矩形的左下角点 A 为基点，输入偏移坐标（@25，5）确定第一对角点。然后输入相对坐标（@267，200）确定第二对角点。接着利用【移动】工具将这两个矩形移至如图 6-94 所示的位置。

⑮ 单击【表格样式】按钮，在打开的对话框中单击【修改】按钮。然后按照图 6-95 所示对当前表格样式的各个变量进行设置。

图 6-92　标注形位公差

图 6-93　插入带属性的粗糙度符号图块

图 6-94　绘制图纸边框

图 6-95　设置表格样式

⑯ 单击【表格】按钮，在打开的对话框中设置列数为 7、列宽为 20、行数为 2、行高为 1。然后设置每个单元行的样式均为数据行，效果如图 6-96 所示。

⑰ 单击【确定】按钮，在绘图区任意指定一点为插入点，插入表格。然后选取如图 6-97 所示的两个单元格，在【合并】选项板中单击【按行合并】按钮，将这两个单元格合并。

⑱ 选取如图 6-98 所示的两个单元格，在【合并】选项板中单击【按列合并】按钮，将这两个单元格合并。

图 6-96　设置插入表格的属性

图 6-97　合并单元格

图 6-98　合并单元格

⑲ 按照上两步的方法，选取表格中相应的其他单元格，按行按列合并单元格，效果如图 6-99 所示。

⑳ 双击如图 6-100 所示的单元格，在打开的文本编辑器中输入第一个单元格的文字内容。然后依次选取其他单元格输入相应的文字，并编辑各文字的高度。

㉑ 利用【移动】工具选取标题栏的右下角点为基点，并选取图纸图框的内右下端点为目标点移动标题栏，效果如图 6-101 所示。

图 6-99　合并单元格

图 6-100　编辑文字

图 6-101　移动标题栏效果

㉒ 单击【多行文字】按钮 A，指定两个对角点后，将打开文本编辑器。然后输入如图 6-102 所示的技术要求文字。至此该零件图标注完成。

6.8　扩展练习：标注法兰套零件

图 6-102　添加技术要求

法兰套是一种标准件，主要用于管道工程。一般情况下，该零件与法兰配套使用，起着连接紧固的作用。本练习绘制法兰套的全剖视图，效果如图 6-103 所示。该零件图上标注的内容主要包括线性尺寸、圆弧尺寸、尺寸公差和粗糙度符号等。

标注该零件图时，用户可首先利用【线性】工具标注一些常规尺寸，并通过标注样式的覆盖方式标注带有直径前缀的线性尺寸。然后利用编辑标注工具标注尺寸公差，并利用【多重引线】工具标注相关孔特征的尺寸。最后添加粗糙度符号即可。

6.9 扩展练习：标注中间轴零件图

图 6-103 法兰套的全剖视图效果

本练习标注一个中间轴零件图，如图 6-104 所示。该零件轴身带有齿轮装置，主要用于机械传动设备的动力头部分，因此齿轮部分采用主视图上的局部剖形式表达出来。该零件图上标注的内容主要包括线性尺寸、尺寸公差、形位公差、基准和粗糙度符号以及标题栏和技术要求等。

图 6-104 中间轴零件视图布局

标注该零件图时，用户可首先利用【线性】工具标注一些常规尺寸，并利用编辑标注工具标注尺寸公差；然后利用【多重引线】工具绘制形位公差指引线和剖切符号，并利用【公差】工具添加形位公差；接着再利用【矩形】工具绘制图纸图框，并利用【表格】工具创建图纸的标题栏和明细表；最后利用【多行文字】工具添加技术要求文字即可。

第7章

块、外部参照和图形信息

在设计产品时，为避免重复绘制大量相同或相似的内容，用户可以将相同或相似的内容以图块的形式直接插入，如机械制图中的标题栏和建筑图中的门窗等。此外，为了更有效地利用本机、本地或整个网络的图纸资源，用户可以将这些内容转换为外部参照文件进行共享。这样不仅极大地提高了绘图的速度和工作效率，而且提高了绘图的准确性，并节省了大量内存空间。

本章主要介绍常规块和动态块的创建方法以及块和块属性的相关编辑技巧。此外还详细介绍了使用外部参照插入各种对象的方法和查询图形数据信息的相关方法。

本章学习目的：
➢ 掌握图块的创建和编辑方法
➢ 掌握块属性的创建和编辑方法
➢ 掌握动态图块的创建方法
➢ 熟悉外部参照的附着和剪裁方法
➢ 了解查询图形信息的方法

7.1 常规图块的创建和编辑

图块是由单个或多个对象组成的集合，这些对象包括文本、标题栏以及图形本身等类型。在 AutoCAD 中，用户可以将这些需要重复绘制的图形结构定义为一个整体，即图块。在绘制图形时将其插入到指定的位置，这样既可以使多张图纸标准统一，又可以缩短绘图时间，节省存储空间。

7.1.1 创建块

要使用图块辅助绘图，用户通常需要利用相关的创建块的工具预先将图形对象的特性存储一次，然后再利用插入块的工具插入当前图形或其他图形。

利用【块定义】对话框创建的图块又称为内部图块，即所创建的图块保存在该图块的图形中，且只能在当前图形中应用，而不能插入到其他图形中。

在【块】选项板中单击【创建】按钮，系统将打开【块定义】对话框，如图 7-1 所示。此时，在该对话框中输入新建块的名称，并设置块组成对象的保留方式。然后在【方式】选项组中定义块的显示方式。

图 7-1 【块定义】对话框

完成上述设置后，单击【基点】选项组中的【拾取点】按钮，并在绘图区中选取基点。然后单击【对象】选项组中【选择对象】按钮，选取组成块的对象，并单击【确定】按钮，即可获得图块创建的效果，如图 7-2 所示。【块定义】对话框中各选项组中所包含选项的含义分别介绍如下。

图 7-2 创建块

❏ **名称**

在该文本框中可以输入要创建的内部图块的名称。该名称应尽量反映创建图块的特征，从而和定义的其他图块有所区别，同时也方便调用。

❏ **基点**

该选项组用于确定块插入时所用的基准点，相当于移动、复制对象时所指定的基点。该基点关系到块插入操作的方便性，用户可以在其下方的 X、Y、Z 文本框中分别输入基点的坐标值，也可以单击【拾取点】按钮，在绘图区中选取一点作为图块的基点。

❏ **对象**

该选项组用于选取组成块的几何图形对象。单击【选择对象】按钮，可以在绘图区中选取要定义为图块的对象。该选项组中所包含的 3 个单选按钮的含义如下所述。

➢ **保留** 选择该单选按钮，表示在定义好内部图块后，被定义为图块的源对象仍然保留在绘图区中，并且没有被转换为图块。

➢ **转换为块** 选择该单选按钮，表示定义好内部图块后，在绘图区中被定义为图块的源对象也被转换为图块。

➢ **删除** 选择该单选按钮，表示在定义好内部图块后，删除绘图区中被定义为图块的源对象。

❏ **方式**

在该选项组中用户可以设置图块的注释性、缩放以及是否能够进行分解等参数选项。其所包含的 3 个复选框的含义如下所述。

➢ **注释性** 启用该复选框，可以使当前所创建的块具有注释性功能。同时若再启用

【使块方向与布局匹配】复选框，则可以在插入块时，使其与布局方向相匹配。且即使布局视口中的视图被扭曲或者是非平面，这些对象的方向仍将与该布局方向相匹配。

➢ **按统一比例缩放**　启用该复选框，组成块的对象可以按比例统一进行缩放。

➢ **允许分解**　启用该复选框，系统将允许组成块的对象被分解。

❑ **设置**

当使用设计中心将块拖放到图形中时，用户可以指定块的缩放单位。

❑ **说明**

在该文本框中可以输入图块的说明文字。

7.1.2　存储块

存储块又称为创建外部图块，即将创建的图块作为独立文件保存。这样不仅可以将块插入到任何图形中去，而且可以对图块执行打开和编辑等操作。

在命令行中输入 WBLOCK 指令，并按 Enter 键，系统将打开【写块】对话框。此时在该对话框的【源】选项组中选择【块】单选按钮，表示新图形文件将由块创建，并在右侧下拉列表框中指定要保存的块。接着在【目标】选项组中输入文件名称，并指定其具体的保存路径即可，如图 7-3 所示。

图 7-3　利用【块】创建新图形文件

用户在指定文件名时，只需输入文件名称而不用带扩展名，系统一般将扩展名定义为.dwg。此时如果在【目标】选项组中未指定文件名，系统将在默认保存位置保存该文件。【源】选项组中另外两种存储块的方式如下所述。

❑ **整个图形**　选择该单选按钮，表示系统将使用当前的全部图形创建一个新的图形文件。此时只需单击【确定】按钮，即可将全部图形文件保存。

❑ **对象**　选择该单选按钮，系统将使用当前图形中的部分对象创建一个新图形。此时必须选择一个或多个对象，以输出到新的图形中。其操作方法同创建块的操作方法类似，这里不再赘述。

注　意

如果将其他图形文件作为一个块插入到当前文件中时，系统默认的是将坐标原点作为插入点，这样对于有些图形来说，很难精确控制插入位置。因此在实际应用中，用户应先打开该文件，再通过输入 BASE 指令执行插入操作。

7.1.3　插入块

在 AutoCAD 中，定义和保存图块的目的都是为了重复使用图块，并将其放置到图形文件上指定的位置，这就需要调用图块。调用图块是通过【插入】命令实现的，利用该工具既可以调用内部块，也可以调用外部块。插入图块的方法主要有以下 4 种。

1．直接插入单个图块

直接插入单个图块是工程绘图中最常用的调用图块方式，即利用【插入】工具指定内部或外部图块插入到当前图形之中。

在【块】选项板中单击【插入】按钮，系统将打开【插入】对话框，如图 7-4 所示。该对话框中各主要参数选项的含义分别介绍如下。

图 7-4 【插入】对话框

❑ 名称

在该文本框中用户可以指定需要插入块的名称，或指定作为块插入的图形文件名。单击该文本框右侧的按钮，可以在打开的下拉列表中指定当前图形文件中可供用户选择的块名。而若单击【浏览】按钮，则可以选择作为块插入的图形文件名。

❑ 插入点

该选项组用于确定插入点的位置。一般情况下有两种方法：在屏幕上使用鼠标单击指定插入点或直接输入插入点的坐标来指定。如图 7-5 所示，启用【在屏幕上指定】复选框，并单击【确定】按钮，即可在绘图区中指定相应的基点将图块插入当前图形中。

图 7-5 指定点插入图块

❑ 比例

该选项组用于设置块在 X、Y 和 Z 这 3 个方向上的比例。同样有两种方法确定块的缩放比例：在屏幕上使用鼠标单击指定或直接输入缩放比例因子。其中，启用【统一比例】复选框，表示在 X、Y 和 Z 这 3 个方向上的比例因子完全相同。

❑ 旋转

该选项组用于设置插入块时的旋转角度。同样也有两种方法确定块的旋转角度：在屏幕上指定块的旋转角度或直接输入块的旋转角度。

❑ 分解

该复选框用于控制图块插入后是否允许被分解。如果启用该复选框，则图块插入到当前图形时，组成图块的各个对象将自动分解成各自独立的状态。

2．阵列插入图块

在命令行中输入 MINSERT 指令即可阵列插入图块。该命令实际上将阵列和块插入命令合二为一，当用户需要插入多个具有规律的图块时，即可输入 MINSERT 指令来进行相关操作。这样不仅能节省绘图时间，而且可以减少占用的磁盘空间。

输入 MINSERT 指令后，输入要插入的图块名称。然后指定插入点，并设置缩放比例因子和旋转角度。接着依次设置行数、列数、行间距和列间距参数，即可阵列插入所选择的图块，效果如图 7-6 所示。

提　示

利用 MINSERT 指令插入的所有图块组成的是一个整体，不能用【分解】命令分解，但可以通过 DDMODIFY 指令改变插入块时所设的特性，如插入点、比例因子、旋转角度、行数、列数、行距和列距等参数。

图 7-6　阵列插入图块

3．以定数等分方式插入图块

在前面的章节中介绍了以定数等分方式插入点的操作方法，用户可以在命令行中输入 DIVIDE 指令，然后按照类似的方法以定数等分方式插入图块。

4．以定距等分方式插入图块

以定距等分方式插入图块与以定距等分方式插入点的方法类似。在命令行中输入 MEASURE 指令，然后按照前面章节介绍的内容进行相关的操作即可，这里不再赘述。

7.1.4　分解块

在图形中无论是插入内部图块还是插入外部图块，由于这些图块属于一个整体，无法进行必要的修改，给实际操作带来极大不便。这就需要将图块在插入后转化为定义前各自独立的状态，即分解图块。常用的分解方法有以下两种。

1．插入时分解图块

插入图块时，在打开的【插入】对话框中启用【分解】复选框，插入图块后整个图块特征将被分解为单个的线条。若禁用该复选框，则插入后的图块仍以整体对象存在。

如图 7-7 所示，启用【分解】复选框，并指定插入点将图块插入到当前图形中，则插入后的图块将转换为单独的线条。

图 7-7　分解图块

2．插入后分解图块

插入图块后，用户可以利用【分解】工具执行分解图块的操作。该工具可以分解块参照、填充图案和关联性尺寸标注等对象，也可以将多段线或多段弧线分解为独立的直线和圆弧对象。

在【修改】选项板中单击【分解】按钮，然后选取要分解的图块对象，并按 Enter 键即可，效果如图 7-8 所示。

图 7-8　利用【分解】工具分解图块

注 意

在插入块时，如果 X 轴、Y 轴和 Z 轴方向设置的比例值相等，则块参照在被分解时，将分解为组成块参照时的原始对象。而当 X 轴、Y 轴和 Z 轴方向比例值不相等的块参照被分解时，则有可能会出现意想不到的效果。

7.1.5 删除块

在绘制图形的过程中，用户往往需要对创建的没有必要的图块进行删除操作，使块的下拉列表框更加清晰、一目了然。

在命令行中输入 PURGE 指令，并按 Enter 键，此时系统将打开【清理】对话框，该对话框显示了可以清理的命名对象的树状图，如图 7-9 所示。

如果要清理所有未参照的块对象，在该对话框中直接选择【块】选项即可；如果在当前图形中使用了要清理的块，需要将该块对象从图形中删除才可以在该对话框中将相应的图块名称清理掉；如果要清理特定的图块，在【块】选项上双击，并在展开的块的树状图上选择相应的图块名称即可；如果清理的对象包含嵌套块，需在该对话框中启用【清理嵌套项目】复选框。

图 7-9 【清理】对话框

7.2 块属性

插入图块时，通常需要附带一些文本类的非图形信息，例如表面粗糙度块中的粗糙度参数值。如果每次插入该类图块都进行分解修改操作，将极大地降低工作效率。这就需要在创建图块之前将这些文字赋予图块属性，从而增强图块的通用性。

7.2.1 块属性特点

块属性是附属于块的非图形信息，是块的组成部分。它包含了组成该块的名称、对象特性以及各种注释等信息。如果某个图块带有属性，那么用户在插入该图块时可以根据具体情况，通过属性来为图块设置不同的文本信息。

一般情况下，将定义的属性附加到块中，然后通过插入块操作即可使块属性成为图形中的一部分。这样所创建的属性块是由块标记、属性值、属性提示和默认值 4 个部分组成的，现分别介绍如下。

❑ **块标记**

每一个属性定义都有一个标记，就像每一个图层或线型都有自己的名称一样。属性标记实际上是属性定义的标识符，显示在属性的插入位置处。一般情况下，该标记用来描述文本尺寸、文字样式和旋转角度。

另外，在属性标记中不能包含空格，且两个名称相同的属性标记不能出现在同一个块定义中。属性标记仅在块定义前出现，在块被插入后将不再显示该标记。但是当块参照被分解后，属性标记将重新显示，效果如图 7-10 所示。

❏ **属性值**

在插入块参照时，属性值实际上就是一些显示的字符串文本（如果属性的可见性模式设置为开）。无论可见与否，属性值都是直接附着于属性上的，并与块参照关联。这个属性值将来可被写入到数据库文件中。

图 7-11 所示图形中即为粗糙度符号和基准符号的属性值。如果要多次插入这些图块，用户可以将这些属性值定义给相应的图块。在插入图块的同时即可为其指定相应的属性值，从而避免了为图块进行多次文字标注的操作。

❏ **属性提示**

属性提示是在插入带有可变的或预置的属性值的块参照时系统显示的提示信息。在定义属性过程中，用户可以指定一个文本字符串，在插入块参照时该字符串将显示在提示行中，提示输入相应的属性值，效果如图 7-12 所示。

❏ **默认值**

在定义属性时，用户还可以指定一个属性的默认值。在插入块参照时，该默认值将出现在提示后面的括号中。此时如果按 Enter 键，则该默认值会自动成为该提示的属性值。

图 7-10   块标记效果

图 7-11   块属性值

图 7-12   根据属性提示输入属性值

7.2.2　创建带属性的块

在 AutoCAD 中，为图块指定属性并将属性与图块重新定义为一个新的图块后，该图块特征将成为属性块。只有这样才可以对定义好的带属性的块执行插入、修改以及编辑等操作。属性必须依赖于块而存在，没有块就没有属性，且通常属性必须预先定义而后选定。

创建图块后，在【块】选项板中单击【定义属性】按钮，系统将打开【属性定义】对话框，如图 7-13 所示。该

图 7-13   【属性定义】对话框

对话框中各选项组所包含的选项含义分别介绍如下。

❑ **模式**

该选项组用于设置属性模式，如设置块属性值为一常量或者默认的数值。该选项组中各复选框的含义如下所述。

➢ **不可见** 启用该复选框时，插入图块并输入图块的属性值后，该属性值将不在图形中显示出来。

➢ **固定** 启用该复选框表示定义的属性值为一常量，在插入图块时属性值将保持不变。

➢ **验证** 启用该复选框表示在插入图块时，系统将对用户输入的属性值再次给出校验提示，以确认输入的属性值是否正确。

➢ **预设** 启用该复选框表示在插入图块时系统将直接以图块默认的属性值插入。

➢ **锁定位置** 启用该复选框表示在插入图块时系统将锁定块参照中属性的位置。

➢ **多行** 启用该复选框时，用户可以使用多段文字来标注块的属性值。

❑ **属性**

该选项组用于设置属性参数，其中包括标记、提示和默认值。用户可以在【标记】文本框中设置属性的显示标记；在【提示】文本框中设置属性的提示信息，以提醒用户指定属性值；在【默认】文本框中设置图块默认的属性值。

❑ **插入点**

该选项组用于指定图块属性的显示位置。启用【在屏幕上指定】复选框，用户可以用鼠标在图形上指定属性值的位置；若禁用该复选框，则可以在下面的坐标轴文本框中输入相应的坐标值来指定属性值在图块上的位置。

❑ **在上一个属性定义下对齐**

启用该复选框表示该属性将继承前一次定义的属性的部分参数，如插入点、对齐方式、字体、字高和旋转角度等。该复选框仅在当前图形文件中已有属性设置时有效。

❑ **文字设置**

该选项组用于设置属性的对齐方式、文字样式、高度和旋转角度等参数。该选项组中各选项的含义如下所述。

❑ **对正**

在该下拉列表中用户可以选择属性值的对齐方式。

➢ **文字样式** 在该下拉列表中用户可以选择属性值所要采用的文字样式。

➢ **文字高度** 在该文本框中用户可以输入属性值的高度，也可以单击文本框右侧的按钮 ，在绘图区以选取两点的方式来指定属性值的高度。

➢ **旋转** 在该文本框中用户可以设置属性值的旋转角度，也可以单击文本框右侧的按钮 ，在绘图区以选取两点的方式来指定属性值的旋转角度。

在【属性定义】对话框中启用【锁定位置】复选框，然后分别定义块的属性和文字格式，如图 7-14 所示。

图 7-14 设置块属性

设置完成后单击【确定】按钮，然后在绘图区中依次选取文字对齐放置的两个端点，将属性标记文字插入到当前视图中。接着利用【移动】工具将插入的属性文字向上移动至合适位置，效果如图 7-15 所示。

在【块】选项板中单击【创建】按钮，并输入新建块的名称为"粗糙度"。然后框选组成块的对象，并单击【确定】按钮。接着在绘图区指定插入基点，并在打开的【编辑属性】对话框中接受默认的粗糙度数值，单击【确定】按钮，即可获得由新定义的文本信息替代原来文本的属性块，效果如图 7-16 所示。

图 7-15　放置属性文字

7.2.3　编辑块属性

当图块中包含属性定义时，属性（如名称和数据）将作为一种特殊的文本对象一同被插入。此时用户可以利用编辑单个块属性工具编辑之前定义的块属性设置，还可以利用管理属性工具将属性标记赋予新值，使之符合相似图形对象的设置要求。

1. 修改属性定义

在【块】选项板中单击【单个】按钮，并选取一插入的带属性的块特征，系统将打开【增强属性编辑器】对话框。此时在该对话框的【属性】选项卡中即可对当前的属性值进行相应的设置，效果如图 7-17 所示。

此外，在该对话框中切换至【文字选项】选项卡，可以设置块的属性文字特性；切换至【特性】选项卡，可以设置块所在图层的各种特性，如图 7-18 所示。

2. 块属性管理器

块属性管理器工具主要用于重新设置属性定义的构成、文字特性和图形特性等属性。在【块】选项板中单击【属性,块属性管理器】按钮，系统将打开【块属性管理器】对话框，如图 7-19 所示。

图 7-16　创建带属性的粗糙度图块

图 7-17　编辑块属性值

图 7-18　设置块属性的文字和图层特性

　　此时若在该对话框中单击【编辑】按钮，即可在打开的【编辑属性】对话框中编辑块的不同属性；若单击【设置】按钮，即可在打开的【块属性设置】对话框中通过启用相应的复选框来设置【块属性管理器】对话框中显示的属性内容，如图 7-20 所示。

图 7-19　【块属性管理器】对话框　　　　　图 7-20　编辑块属性和设置块属性显示内容

7.3　动态块

　　动态图块就是将一系列内容相同或相近的图形通过块编辑器将图形创建为块，并设置该块具有参数化的动态特性，通过自定义夹点或自定义特性来操作动态块。该类图块相对于常规图块来说具有极大的灵活性和智能性，不仅能够提高绘图效率，同时可以减小图块库中的块数量。

7.3.1　创建动态块

　　在 AutoCAD 中，利用【块编辑器】工具可以创建相应的动态块特征。块编辑器是一个专门的编写区域，用于添加能够使块成为动态块的元素。用户可以利用该工具向当前图形存在的块定义中添加动态行为，或者编辑其中的动态行为，也可以利用该工具创建新的块。

　　要使用动态编辑器，用户可在【块】选项板中单击【块编辑器】按钮，系统将打开【编辑块定义】对话框。该对话框中提供了可供创建动态块的现有多种图块，用户选择一种块类型即可在右侧预览该块效果，如图 7-21 所示。

　　此时单击【确定】按钮，系统展开【块编辑器】选项卡，并将进入默认为灰色背景的绘图区域，该区域即为专门的动

图 7-21　【编辑块定义】对话框

态块创建区域。其左侧将自动打开一个【块编写】选项板，该选项板包含参数、动作、参数集和约束 4 个选项卡。选择不同选项卡中的选项即可为块添加所需的各种参数和对应的动作，如图 7-22 所示。

一完整的动态图块必须包括一个或多个参数以及该参数所对应的动作。当添加参数到指定的动态块后，夹点将添加到该参数的关键点。关键点是用于操作块参照的参数部分，如线性参数在其基点或端点具有关键点，拖动任一关键点即可更改参数的距离，如图 7-23 所示。

图 7-22　【块编辑器】选项卡　　　　　　　图 7-23　线性参数与拉伸动作

添加到动态块的参数类型决定了添加的夹点类型，且每种参数类型仅支持特定类型的动作。表 7-1 列出了参数、夹点和动作的关系。

表 7-1　参数与夹点类型、动作的关系

参数 类型	夹点 样式	夹点在图形中的操作方式	可与参数关联的动作
点	正方形	平面内任意方向	移动、拉伸
线性	三角形	按规定方向或沿某一条轴移动	移动、缩放、拉伸、阵列
极轴	正方形	按规定方向或沿某一条轴移动	移动、缩放、拉伸、极轴拉伸、阵列
XY	正方形	按规定方向或沿某一条轴移动	移动、缩放、拉伸、阵列
旋转	圆点	围绕某一条轴旋转	旋转
对齐	五边形	平面内任意方向；如果在某个 对象上移动，可使块参照与该 对象对齐	无
翻转	箭头	单击以翻转动态块	翻转
可见性	三角形	平面内任意方向	无
查询	三角形	单击以显示项目列表	查询
基点	圆圈	平面内任意方向	无

7.3.2　添加块参数

在 AutoCAD 中，创建一完整的动态图块常需要设置参数和动作这两种元素。其中在块编辑器中，参数的外观类似于标注，且动态块的相关动作是完全依据参数进行的。

在图块中添加的参数可以指定几何图形在参照中的位置、距离和角度等特性，其通过定义块的特性来限制块的动作。各主要参数的含义现分别介绍如下。

❑ **点参数**

点参数可以为块参照定义两个自定义特性：相对于块参照基点的位置 X 和位置 Y。如果向动态块定义添加点参数，点参数将追踪 X 和 Y 的坐标值。

在添加点参数时，系统默认的方式是指定点参数位置。在【块编写】选项板中单击【点】按钮，并在图块中选取点的确定位置即可添加点参数，其外观类似于坐标标注。然后对其添加移动动作测试效果，如图 7-24 所示。

图 7-24　添加点参数并移动图块

❑ **线性参数**

线性参数可以显示出两个固定点之间的距离，其外观类似于对齐标注。如果对其添加相应的拉伸、移动等动作，则约束夹点可以沿预置角度移动，效果如图 7-25 所示。

❑ **极轴参数**

极轴参数可以显示出两个固定点之间的距离并显示角度值，其外观类似于对齐标注。如果用户对其添加相应的拉伸、移动等动作，则约束夹点可沿预置角度移动，效果如图 7-26 所示。

图 7-25　添加线性参数并移动图块

❑ **XY 参数**

XY 参数显示出距参数基点的 X 距离和 Y 距离，其外观类似于水平和垂直两种标注方式。用户如果对其添加阵列动作，则可以将其进行阵列动态测试，效果如图 7-27 所示。

图 7-26　添加极轴参数并移动图块　　　　图 7-27　添加 XY 参数并动态测试

❑ **旋转参数**

旋转参数可以定义块的旋转角度，它仅支持旋转动作。在块编辑窗口，它显示为一个圆。添加旋转参数的一般操作步骤为：首先指定参数半径，然后指定旋转角度，最后指定标签位置。如果为其添加旋转动作，则动态旋转效果如图 7-28 所示。

❏　**对齐参数**

对齐参数可以定义 X 和 Y 位置以及一个角度，其外观类似于对齐线，可以直接影响块参照的旋转特性。对齐参数允许块参照自动围绕一个点旋转，以便与图形中的另一对象对齐。它一般应用于整个块对象，并且无需与任何动作相关联。

要添加对齐参数，用户只需单击【对齐】按钮，并依据提示选取对齐的基点即可。保存该定义块，并通过夹点观察动态测试效果，如图 7-29 所示。

❏　**翻转参数**

翻转参数可以定义块参照的自定义翻转特性，它仅支持翻转动作。在块编辑窗口，它显示为一条投影线，系统围绕这条投影线翻转对象。如图 7-30 所示，单击投影线下方的箭头，即可将图块进行相应的翻转操作。

图 7-28　添加旋转参数并动态测试

图 7-29　添加对齐参数并动态测试

❏　**可见性参数**

可见性参数可以控制对象在块中的可见性，在块编辑窗口显示为带有关联夹点的文字。可见性参数总是应用于整个块，并且不需要与任何动作相关联。

完成该参数的添加后，在【可见性】选项板中单击【使不可见】按钮，并保存该块定义。此时图形中添加的块参照将被隐藏，效果如图 7-31 所示。

图 7-30　添加翻转参数并动态测试

图 7-31　添加可见性参数

7.3.3　添加块动作

添加块动作是根据在图形块中添加的参数而设置的相应动作，它用于在图形中自定义动态块的动作特性。此特性决定了动态块将在操作过程中做何种修改，且通常情况下，动态图块至少包含一个动作。

一般情况下，由于添加的块动作与参数上的关键点和几何图形相关联，所以在向动态块中添加动作前，用户必须先添加与该动作相对应的参数。其中，关键点是参数上的点，编辑参数时该点将会与动作相关联，而与动作相关联后的几何图形称为选择集。各主要动作的含义现分别介绍如下。

❏ **移动动作**✛

移动动作与二维绘图中的移动操作类似。在动态块测试中，移动动作会使对象按用户定义的距离和角度进行移动。在编辑动态块时，移动动作可以与点参数、线性参数、极轴参数和 XY 轴参数相关联，效果如图 7-32 所示。

图 7-32 添加移动动作并测试

❏ **缩放动作**

缩放动作与二维绘图中的缩放操作相似。它可以与线性参数、极轴参数和 XY 参数相关联，并且相关联的是整个参数，而不是参数上的关键点。在动态块测试中，通过移动夹点或使用【特性】选项面板编辑关联参数，缩放动作会使块的选择集进行缩放，效果如图 7-33 所示。

图 7-33 添加缩放动作并测试

❏ **拉伸动作**

拉伸动作与二维绘图中的拉伸操作类似。在动态块拉伸测试中，拉伸动作将使对象按指定的距离和位置进行移动和拉伸。与拉伸动作相关联的有点参数、线性参数、极轴参数和 XY 轴参数。

将拉伸动作与某个参数相关联后，用户可以为该拉伸动作指定一个拉伸框，然后为拉伸动作的选择集选取对象即可。其中拉伸框决定了框内部或与框相交的对象在块参照中的编辑方式，效果如图 7-34 所示。

图 7-34 添加拉伸动作并测试

❏ **极轴拉伸动作**

在动态块测试中，极轴拉伸动作与拉伸动作相似。极轴拉伸动作不仅可以按角度和距离移动和拉伸对象，还可以将对象旋转，但它一般只能与极轴参数相关联。

在定义该动态图块时，极轴拉伸动作拉伸部分的基点是关键点相对的参数点。关联后可以指定该轴拉伸动作的拉伸框，然后选取要拉伸的对象和要旋转的对象组成选择集即可，效果如图 7-35 所示。

图 7-35 添加极轴拉伸动作并测试

❑ **旋转动作**

旋转动作与二维绘图中的旋转操作类似。在定义动态块时，旋转动作只能与旋转参数相关联。与旋转动作相关联的是整个参数，而不是参数上的关键点。图 7-36 所示就是拖动夹点进行旋转操作，测试旋转动作的效果。

❑ **翻转动作**

使用翻转动作可以围绕指定的轴（即投影线）翻转定义的动态块参照。它一般只能与翻转参数相关联，其效果相当于二维绘图中的镜像复制效果，如图 7-37 所示。

❑ **阵列动作**

在进行阵列动态块测试时，通过夹点或【特性】选项板可以使其关联对象进行复制，并按照矩形样式阵列。在动态块定义中，阵列动作可以与线性参数、极轴参数和 XY 参数中任意一个相关联。

如果将阵列动作与线性参数相关联，则用户可以通过指定阵列对象的列偏移，即阵列对象之间的距离来测试阵列动作的效果，如图 7-38 所示。

图 7-36　添加旋转动作并测试

图 7-37　添加翻转动作并测试

图 7-38　添加阵列动作并测试

7.4　外部参照

图块主要针对小型的图形重复使用，而外部参照则提供了一种比图块更为灵活的图形引用方法，使用【外部参照】功能可以将多个图形链接到当前图形中，并且包含外部参照的图形会随着原图形的修改而自动更新，这是一种重要的共享数据的方法。

7.4.1　附着外部参照

附着外部参照的目的是帮助用户用其他图形来补充当前图形，它主要用于附着一个新的外部参照文件，或将一个已附着的外部参照文件的副本附着在文件中。执行附着外部参照操作，可以将以下 5 种主要格式的文件附着至当前图形。

1. 附着 DWG 文件

切换至【插入】选项卡，在【参照】选项板中单击【附着】按钮，系统将打开【选择参照文件】对话框，如图 7-39 所示。

在该对话框的【文件类型】下拉列表中选择【图形】选项，并指定要附着的文件，单击【打开】按钮，系统将打开【附着外部参照】对话框。此时在【附着外部参照】对话框中指定相应的参照类型和路径类型，然后单击【确定】按钮，该外部参照文件将显示在当前图形中。接着指定插入点，即可将该参照文件添加到该图形中，如图 7-40 所示。

图 7-39　指定附着文件

图 7-40　附着 DWG 文件

从上图可以看出，在图形中插入外部参照的方法与插入块的方法相同，只是该对话框增加了两个选项组，现分别介绍如下。

❏ **参照类型**

在该选项组中用户可以选择外部参照的类型。其中选择【附着型】单选按钮，如果参照图形中仍包含外部参照，则在执行该操作后，它们都将附着在当前图形中，即显示嵌套参照中的嵌套内容；如果选择【覆盖型】单选按钮，系统将不显示嵌套参照中的嵌套内容，其对比效果如图 7-41 所示。

图 7-41　两种参照类型的对比

❑ **路径类型**

在指定相应的图形作为外部参照附着到当前主图形时，用户可以使用【路径类型】下拉列表中的 3 种方式附着该图形，具体含义如下所述。

➤ **完整路径**

选择该选项后，外部参照的精确位置将保存到该图形中。该选项的精确度最高，但灵活性最小。如果移动工程文件夹，AutoCAD 将无法融入任何使用完整路径附着的外部参照。

➤ **相对路径**

选择该选项后，附着外部参照将保存外部参照相对于当前图形的位置。该选项的灵活性最大。如果移动工程文件夹，AutoCAD 仍可以融入使用相对路径附着的外部参照，但要求该参照与当前图形位置不变。

➤ **无路径**

选择该选项可以直接查找外部参照，该操作适合外部参照和当前图形位于同一个文件夹的情况。

由于插入到当前图形中的外部参照文件为灰显状态，此时用户可以在【参照】选项板的【外部参照淡入】文本框中设置外部参照图形的淡入数值，或者直接拖动左侧的滑块调整参照图形的淡入度，效果如图 7-42 所示。该参数仅影响图形在屏幕上的显示，并不影响打印或出图预览。

图 7-42　调整参照图形的淡入度

2. 附着图像文件

利用参照选项板上的相关操作，用户还可以将图像文件附着到当前文件中，对当前图形进行辅助说明。

单击【附着】按钮，在打开对话框的【文件类型】下拉列表中选择【所有图像文件】选项，并指定附着的图像文件。然后单击【打开】按钮，系统将打开【附着图像】对话框。此时单击【确定】按钮，接着在当前图形中指定该文件的插入点和插入比例，即可将该文件附着在当前图形中，效果如图 7-43 所示。

图 7-43　附着图像文件

3. 附着 DWF 文件

DWF 格式文件是一种从 DWG 文件创建的高度压缩的文件格式。该文件易于在 Web 上发布和查看，并且支持实时平移和缩放以及对图层显示和命名视图显示的控制。

单击【附着】按钮，在打开对话框的【文件类型】下拉列表中选择【DWF 文件】选项，并指定附着的 DWF 文件。然后单击【打开】按钮，在打开的对话框中单击【确定】按钮，并指定该文件在当前图形的插入点和插入比例,即可将该文件附着在当前图形中,效果如图 7-44 所示。

4．附着 DGN 文件

DGN 格式文件是 MicroStation 绘图软件生成的文件,该文件格式对精度、层数以及文件和单元的大小并不限制。另外该文件中的数据都是经过快速优化、检验并压缩的,有利于节省网络带宽和存储空间。

单击【附着】按钮,在打开对话框的【文件类型】下拉列表中选择【所有 DGN 文件】选项,并指定附着的 DGN 文件。然后单击【打开】按钮,在打开的对话框中单击【确定】按钮,并指定该文件在当前图形的插入点和插入比例,即可将该文件附着在当前图形中,效果如图 7-45 所示。

5．附着 PDF 文件

PDF 格式文件是一种非常通用的阅读格式,而且 PDF 文档的打印和普通的 Word 文档打印一样简单。正是由于 PDF 格式比较通用而且是安全的,所以图纸的存档和外发加工一般都使用 PDF 格式。

单击【附着】按钮,在打开对话框的【文件类型】下拉列表中选择【PDF 文件】选项,并指定附着的 PDF 文件。然后单击【打开】按钮,在打开的对话框中单击【确定】按钮,并指定该文件在当前图形的插入点和插入比例,即可将该文件附着在当前图形中,效果如图 7-46 所示。

图 7-44　附着 DWF 文件

图 7-45　附着 DGN 格式文件

图 7-46　附着 PDF 格式文件

7.4.2　剪裁外部参照

【参照】选项板中的【剪裁】工具可以剪裁多种对象,包括外部参照、块、图像或 DWF 文件格式等。通过这些剪裁操作,用户可以控制所需信息的显示。执行剪裁操作并非真正修改这些参照,而是将其隐藏显示。同时,用户可以根据设计需要定义前向剪裁平面或后向剪裁平面。

在【参照】选项板中单击【剪裁】按钮,选取要剪裁的外部参照对象。此时命令行将显示："[开（ON）/关（OFF）/剪裁深度（C）/删除（D）/生成多段线（P）/新建边界（N）]<新建边界>："的提示信息，选择不同的选项将获取不同的剪裁效果。

❑ **新建剪裁边界**

通常情况下，系统默认选择【新建边界】选项，命令行将继续显示："[选择多段线(S)/多边形(P)/矩形(R)/反向剪裁(I)]<矩形>："的提示信息，各个选项的含义现分别介绍如下。

➢ **多段线**

在命令行中输入字母 S，并选择指定的多段线边界即可完成多段线剪裁边界的创建。选择该方式前，用户应在需要剪裁的图像上利用【多段线】工具绘制出剪裁边界然后在该方式下选择相应的边界即可，效果如图 7-47 所示。

图 7-47　多段线方式剪裁图像

➢ **多边形**

在命令行中输入字母 P，然后在要剪裁的图像中绘制出多边形的边界即可完成多边形裁剪边界的创建，效果如图 7-48 所示。

图 7-48　多边形方式剪裁图像

➢ **矩形**

该方式同【多边形】方式相似，在命令行中输入字母 R，然后在要剪裁的图像中绘制出矩形边界即可完成多段线剪裁边界的创建，效果如图 7-49 所示。

图 7-49　矩形方式剪裁图像

➢ **反向剪裁**

在命令行中输入字母 I，然后选择相应方式绘制剪裁边界，系统将显示该边界范围以外的图像，效果如图 7-50 所示。

❑ **设置剪裁开或关**

执行剪裁参照的系统变量取决于该边界是否关闭。如果将剪裁边

图 7-50　反向剪裁方式剪裁图像

界设置为关，则整个外部参照都将显示；如果将剪裁边界设置为开，则只显示剪裁区域的外部参照。

❏ **剪裁深度**

该选项用于在一个外部参照上设置前向剪裁平面或后向剪裁平面，在定义的边界及指定的深度之外将不被显示。该操作主要用在三维模型参照的剪裁。

❏ **删除**

该选项可以删除选定的外部参照或块参照的剪裁边界，暂时关闭剪裁边界可以选择【关】选项。其中【删除】选项将删除剪裁边界和剪裁深度而使整个外部参照文件显示出来。

❏ **生成多段线**

AutoCAD 在生成剪裁边界时，将创建一条与剪裁边界重合的多段线。该多段线具有当前图层、线型和颜色设置，并且当剪裁边界被删除后，AutoCAD 同时删除该多段线。用户如果要保留该多段线副本，可以选择【生成多段线】选项，AutoCAD 将生成一个剪裁边界的副本。

7.4.3 管理外部参照

在 AutoCAD 中，用户可以在【外部参照】选项板中对附着或剪裁的外部参照进行编辑和管理。

单击【参照】选项板右下角的箭头按钮，系统将打开【外部参照】选项板。在该选项板的【文件参照】列表框中显示了当前图形中各个外部参照文件名称、状态、大小和类型等内容，如图7-51 所示。此时在列表框的文件上单击鼠标右键将打开快捷菜单，该菜单中各选项的含义介绍如下。

图 7-51 【外部参照】选项板

❏ **打开** 选择该选项后，用户可以在新建的窗口中打开选定的外部参照进行编辑。

❏ **附着** 选择该选项后，系统将根据所选择的文件对象打开相应的对话框。且用户在该对话框中可以选择需要插入到当前图形中的外部参照文件。

❏ **卸载** 选择该选项后，用户可以从当前图形中移走不需要的外部参照文件，但移走的文件仍然保留该参照文件的路径。

❏ **重载** 对于已经卸载的外部参照文件，如果需要再次参照该文件，用户可以选择【重载】选项将其更新到当前图形中。

❏ **拆离** 选择该选项后，用户可以从当前图形中移去不再需要的外部参照文件。

❏ **绑定** 该选项对于具有绑定功能的参照文件有可操作性。选择该选项后，用户可以将外部参照文件转换为一个正常的块。

❑ **路径** 在该选项的子菜单中用户可以把相应文件的参照路径类型改为"相对路径"或"无路径"。

在过去版本中，一旦外部参照插入完成以后，参照的路径类型就被固定下来难以再进行修改。且之后如果项目文件的路径结构发生变化，或者项目文件被移动，就很可能会出现外部参照文件无法找到的问题。而在 AutoCAD 2013 中，用户可以轻松地改变外部参照的路径类型，可以将"相对路径"或"无路径"的参照的保存位置进行修改，使外部参照路径类型变为"绝对路径"，如图 7-52 所示。

7.5 信息查询

图形信息是间接表达图形组成的一种方式。它不仅可以反映图形的组成元素，也可以直接反映各图形元素的尺寸参数、图形元素之间的位置关系以及由图形元素围成的区域的面积、周长等特性。

图 7-52 改变参照路径

7.5.1 查询距离和半径

在二维图形中获取两点间的距离可以利用【线性标注】工具。但对于三维零件的空间两点距离，利用【线性标注】工具比较繁琐，此时可以利用【查询】工具快速获得空间两点之间的距离信息。

通过视图选项卡中的【工具栏】功能调出【查询】工具栏。在该工具栏中单击【距离】按钮🔲或直接输入快捷命令 DIST，然后依次选取三维模型的两个端点 A 和 B，在打开的提示框中将显示这两点的距离信息，效果如图 7-53 所示。

图 7-53 指定两点查询距离

另外，用户如果要获取二维图形中圆或圆弧，三维模型中圆柱体、孔和倒圆角对象的尺寸，可以利用【半径】工具进行查询。此时系统将显示所选对象的半径和直径尺寸。

在【查询】工具栏中单击【半径】按钮🔲，然后选取相应的弧形对象，则在打开的提示框中将显示该对象的半径和直径数值，效果如图 7-54 所示。

图 7-54 选取弧形对象获取尺寸信息

7.5.2 查询角度和面积

要获取二维图形中两图元间的夹角角度，三维模型中楔体、连接板这些倾斜件的角度尺寸，可以利用【角度】工具进行查询。在【查询】工具栏中单击【角度】按钮，然后分别选取楔体的两条边，则在打开的提示框中将显示楔体的角度，效果如图 7-55 所示。

另外，在【查询】工具栏中单击【面积】按钮或直接输入快捷命令 AREA，然后依次指定实体面的端点 C、D、E 和 F。接着按 Enter 键，在打开的提示框中将显示由这些点所围成的封闭区域的面积和周长，效果如图 7-56 所示。

图 7-55　选取楔体边获取角度尺寸信息

7.5.3 面域和质量特性查询

面域对象除了具有一般图形对象的属性外，还具有平面体所特有的属性，如质量特性、质心、惯性矩和惯性积等。在 AutoCAD 中，利用【面域/质量特性】工具可以一次性获得实体的整体信息，从而指导用户完成零件设计。

在【查询】工具栏中单击【面域/质量特性】按钮，然后选取要提取数据的面域对象。此时系统将打开【AutoCAD 文本窗口】对话框，显示所选面域对象的特性数据信息，效果如图 7-57 所示。

图 7-56　获取面积和周长信息

7.5.4 显示图形时间和状态

在设计过程中如有必要，用户可以将当前图形状态和修改时间以文本的形式显示，这两种查询方式同样显示在 AutoCAD 文本窗口中，分别介绍如下。

1．显示时间

显示时间用于显示绘制图形的日期和时间统计信息。利用该功能不仅可以查看图形文件的创建日期，还可以查看该文件创建所消耗的总时间。

图 7-57　提取面域的特性数据信息

在命令行中输入 TIME 指令，并按 Enter 键，系统将打开如图 7-58 所示的文本窗口。该文本窗口中将显示当前时间、创建时间和上次更新时间等信息。在窗口列表中显示的各时间或日期的功能如下所述。

- ❏ **当前时间**　表示当前的日期和时间。
- ❏ **创建时间**　表示创建当前图形文件的日期和时间。
- ❏ **上次更新时间**　最近一次更新当前图形的日期和时间。
- ❏ **累计编辑时间**　自图形建立时间起，编辑当前图形所用的总时间。
- ❏ **消耗时间计时器**　在用户进行图形编辑时运行，该计时器可由用户任意开、关或复位清零。
- ❏ **下次自动保存时间**　表示下一次图形自动存储时的时间。

图 7-58　显示文件时间和日期

> **提　示**
>
> 在窗口的最下方命令行中如果输入 D，则重复显示上述时间信息，并更新时间内容；如果输入 ON（或 OFF），则打开（或关闭）消耗时间计时器；如果输入 R，则使消耗时间计时器复位清零。

2．显示当前图形状态

状态显示主要用于显示图形的统计信息、模式和范围等内容。利用该功能可以详细查看图形组成元素的一些基本属性，例如线宽、线型及图层状态等。

在命令行中输入 STATUS 指令，并按 Enter 键，系统即可在打开的【AutoCAD 文本窗口】对话框中显示相应的状态信息，如图 7-59 所示。

图 7-59　显示图形状态信息

7.6　课堂实例 7-1：利用动态图块绘制支座零件图

本实例绘制一个支座零件图，效果如图 7-60 所示。该支座是机床支撑架的一部分，它平均分担了机床本体的重量，以减少与其他零件的接触，一定程度上保护并延长了零件的使用寿命。

在绘制该零件图时,除了利用传统的二维绘图工具绘制图形外,还可以结合动态图块创建,并执行相关的动作测试完成视图绘制。绘图过程中将需要通过【块编辑器】将图形编辑为动态块,例如线性参数、阵列动作和缩放动作等。通过调节动态块的夹点,方便快捷地在绘图中运用。

图 7-60 支座零件图

操作步骤

① 在【图层】选项板中单击【图层特性】按钮 ，打开【图层特性管理器】对话框。然后在该对话框中新建所需图层,效果如图 7-61 所示。

② 切换至【粗实线】图层,单击【矩形】按钮 ，绘制一个长 140、宽 180 的矩形。然后单击【分解】按钮 ，将该矩形分解成直线组合,效果如图 7-62 所示。

图 7-61 新建图层

图 7-62 绘制并分解矩形

③ 单击【偏移】按钮 ,分别选取分解后的 4 条轮廓线为偏移基准,按照图 7-63 所示尺寸进行偏移操作,并将偏移后的直线转换为【中心线】图层。

④ 单击【圆角】按钮 ,选取相应的轮廓线,依次绘制 4 个半径均为 $R5$ 的圆角。然后单击【圆】按钮 ,在中心线的交点处分别绘制直径为 $\Phi26$ 和 $\Phi17.5$ 的圆,效果如图 7-64 所示。

图 7-63 偏移直线并转换图层

图 7-64 绘制圆角和圆

⑤ 单击【创建】按钮 ,输入新建块的名称为"孔",并指定圆心为基点。然后选取两

个圆为组成块的对象，创建孔图块，效果如图 7-65 所示。

⑥ 在【块】选项板中单击【块编辑器】按钮，在打开的【编辑块定义】对话框中选择【孔】图块，此时可在右侧预览该块，效果如图 7-66 所示。

图 7-65　创建孔图块

图 7-66　指定要编辑的块

⑦ 单击【确定】按钮，系统进入默认为灰色背景的绘图区域，该区域即为专门的动态块创建区域。此时在左侧将打开一个【块编写】选项板，效果如图 7-67 所示。

⑧ 在【参数】选项卡中单击【XY】按钮。然后指定圆心为基点，将光标向右上方拖动至合适位置单击，添加 XY 参数，效果如图 7-68 所示。

图 7-67　块编辑器

图 7-68　添加 XY 参数

⑨ 切换至【动作】选项卡，并单击【阵列】按钮。然后依次选取上步添加的 XY 参数和孔图块图形，按 Enter 键。接着依次输入行间距为 140，列间距为 90，并按 Enter 键，效果如图 7-69 所示。

⑩ 单击【关闭块编辑器】按钮，完成动态块的创建。然后在绘图区选择孔图块对象，将出现 4 个夹点。此时选取右上角的夹点，并沿右上方拖动至合适位置后单击，视图上将出现 4 个阵列效果的孔图块图形，效果如图 7-70 所示。

⑪ 利用【矩形】工具按照图 7-71 所示绘制长 118、宽 86 的矩形，并使该矩形关于中心线对称。然后利用【分解】工具分解该矩形。

⑫ 利用【偏移】工具按照图 7-72 所示尺寸偏移分解后的直线。然后单击【修剪】按钮，修剪多余轮廓线选取直线。

图 7-69 添加阵列动作

图 7-70 插入孔图块

图 7-71 绘制矩形并分解

图 7-72 偏移直线并修剪

⑬ 在向视图左侧合适位置利用【矩形】工具，按照图 7-73 所示尺寸绘制两个矩形，并使矩形关于竖直中心线对称。然后利用【分解】工具分解这两个矩形。

⑭ 利用【偏移】工具，分别选取竖直中心线和轮廓线为偏移基准，按照如图 7-74 所示尺寸进行偏移操作。

图 7-73 绘制矩形并分解

图 7-74 偏移中心线和轮廓线

⑮ 利用【修剪】工具，修剪多余的直线。然后选取相应的直线转换为【粗实线】图层，效果如图 7-75 所示。

⑯ 单击【镜像】按钮▲，选取如图 7-76 所示的沉头孔图形为要镜像的对象，并指定竖直中心线为镜像线，进行镜像操作。

图 7-75　修剪直线并转换图层　　　　　　图 7-76　镜像图形

⑰ 利用【创建】工具指定盖板右下角点为基点，并选取盖板图形创建为【盖板】图块。然后利用【块编辑器】工具，为该图块对象添加旋转参数和旋转动作，效果如图 7-77 所示。

⑱ 选取该盖板动态图块并单击鼠标右键，选择【特性】选项，系统将打开【特性】选项板。在该选项板的【自定义】选项组中设置角度参数值为 343°，即可将盖板图块顺时针旋转 17°，效果如图 7-78 所示。

图 7-77　创建盖板动态图块

图 7-78　旋转盖板图块

⑲ 单击【延伸】按钮，选取盖板图块的底边轮廓线为延伸边界，将下方两竖直轮廓线进行延伸操作。然后删除多余的轮廓线，效果如图 7-79 所示。

⑳ 切换至【剖面线】图层。然后单击【图案填充】按钮，选择 ANSI31 样式，并选取区域填充图案。接着单击【倒角】按钮，选取相应的边线，绘制 5×45° 的倒角，效果如图 7-80 所示。

图 7-79　延长直线

图 7-80　填充图案并绘制倒角

7.7 课堂实例 7-2：绘制长轴零件图并标注

本例绘制一长轴零件图，效果如图 7-81 所示。该长轴的主要作用是支承转动件，传递动力。该零件主要由轴体、螺栓孔和键槽构成。在轴的中心加工螺栓孔起到固定轴与零件的作用。该零件图主要是主视图和移出断面图，并对安装孔进行了局部剖。该零件图上标注的内容主要包括线性尺寸、基准符号和粗糙度符号等。

图 7-81　长轴零件图效果

绘制该长轴零件图时，首先绘制主视图的一半轮廓，并利用【镜像】工具镜像图形。然后利用【打断】和【样条曲线】工具绘制断裂线，并利用【圆】和【修剪】工具绘制键槽。接着利用【图案填充】工具填充各视图。标注该图形时，可利用【线性】工具标注线性尺寸。然后通过【创建】和【插入】工具标注基准和粗糙度符号即可。

操作步骤

① 新建图层并切换【中心线】图层为当前层。然后单击【直线】按钮，分别绘制一条水平线段和竖直线段作为图形中心线。接着切换【轮廓线】为当前层，单击【多段线】按钮，选取两条中心线交点作为起点，绘制一条多段线，效果如图 7-82 所示。

② 单击【偏移】按钮，将水平中心线向上分别偏移 7 和 11，并将竖直中心线向右分别偏移 168 和 188。然后将偏移后的中心线转换为【轮廓线】图层，效果如图 7-83 所示。

图 7-82　绘制中心线和多段线

图 7-83　偏移中心线并转换图层

③ 单击【修剪】按钮，选取水平轮廓线为修剪边界修剪偏移后的竖直轮廓线。继续利用【修剪】工具选取竖直轮廓线为修剪边界修剪偏移后的水平轮廓线，效果如图 7-84 所示。

④ 利用【偏移】工具将水平中心线向上偏移 2.5，并将竖直中心线向右分别偏移 15 和 20。然后将偏移后的中心线转换为【轮廓线】图层，效果如图 7-85 所示。

⑤ 利用【修剪】工具选取竖直中心线和轮廓线为修剪边界修剪水平轮廓线。继续利用【修剪】工具选取水平中心线和修剪后的水平轮廓线为修剪边界修剪竖直轮廓线，效果如图 7-86 所示。

图 7-84　修剪轮廓线

图 7-85　偏移中心线并转换图层

⑥ 利用【直线】工具选取点 A 为起点，并输入相对坐标（@5<-51）确定终点，绘制一条斜线，该斜线与水平中心线相交。然后利用【修剪】工具选取水平中心线为修剪边界修剪该斜线，效果如图 7-87 所示。

图 7-86　修剪轮廓线

图 7-87　绘制斜线并修剪

⑦ 利用【偏移】工具将水平中心线向上偏移 3，并将竖直中心线向右偏移 15。然后将偏移后的中心线转换为【细实线】图层。接着利用【修剪】工具修剪这两条细实线，效果如图 7-88 所示。

⑧ 单击【镜像】按钮，选取如图 7-89 所示图形为要镜像的对象，并指定水平中心线的两个端点确定镜像中心线，进行镜像操作。

图 7-88　偏移中心线并修剪

图 7-89　镜像图形

⑨ 单击【打断】按钮，在水平轮廓线 a 上任意选取两点打断该轮廓线。继续利用【打断】工具打断水平轮廓线 b。然后单击【样条曲线】按钮，依次连接各个打断点，在打断

处绘制两条样条曲线，效果如图 7-90 所示。

⑩ 利用【样条曲线】工具绘制一条样条曲线。然后利用【矩形】工具选取如图 7-91 所示的点 B 为第一个角点，并输入相对坐标（@14，-2.5）确定另一个角点，绘制矩形。然后单击【移动】按钮✛，指定两中心线交点为基点，并输入相对坐标（@-60，0），将图形向左移动。

图 7-90   打断轮廓线并绘制样条曲线

图 7-91   绘制样条曲线和矩形并移动图形

⑪ 利用【直线】工具在键槽上方绘制两条中心线。然后单击【圆】按钮⊙，选取两中心线交点为圆心，绘制半径分别为 R2.5、R3 和 R7.5 的圆。接着将半径为 R3 的圆转换为【细实线】图层，并利用【修剪】工具修剪该圆，效果如图 7-92 所示。

⑫ 利用【偏移】工具将水平中心线向上偏移 4.5，将竖直中心线向两侧分别偏移 2.5，并将偏移后的中心线转换为【轮廓线】图层。然后利用【修剪】工具修剪偏移后的轮廓线，继续利用【修剪】工具选取修剪后的轮廓线为边界，修剪半径为 R7.5 的圆，效果如图 7-93 所示。

图 7-92   绘制圆并修剪

图 7-93   偏移中心线并修剪轮廓线

⑬ 单击【填充图案】按钮▦，指定填充图案为 ANSI31，并设置填充角度为 0°，填充比例为 1。然后在主视图和断面图上分别指定填充区域进行图案填充，效果如图 7-94 所示。

⑭ 单击【标注样式】按钮◣，在打开的对话框中单击【修改】按钮。然后在打开的【修改标注样式】对话框中对当前标注样式的各种尺寸变量进行设置，如箭头类型、箭头大小、文字高度、文字距尺寸线的偏移量、尺寸文本的精度等，效果如图 7-95 所示。

图 7-94　填充图案　　　　　　　　　图 7-95　设置当前标注样式的各个尺寸变量

⑮ 单击【线性】按钮 ⬚，标注图形的第一个线性尺寸。然后依次标注其他线性尺寸，效果如图 7-96 所示。

⑯ 利用【线性】工具分别指定螺纹孔的两条细实线，并在命令行中输入字母 M。然后按 Enter 键，在打开的文字编辑器中输入文字 "M6"，并在空白区域单击退出文字编辑器。此时系统提示指定一点放置尺寸线，在合适位置单击放置尺寸线，效果如图 7-97 所示。

图 7-96　标注线性尺寸　　　　　　　　图 7-97　输入文字并放置尺寸文本

⑰ 单击【标注样式】按钮 ⬚，在打开的对话框中单击【替代】按钮，并在打开的对话框中切换至【主单位】选项卡。然后在【前缀】文本框中输入直径代号 "%%C"，单击【确定】按钮。接着利用【线性】工具标注线性尺寸时将自动带有直径前缀符号，效果如图 7-98 所示。

⑱ 利用【直线】、【圆】和【修剪】工具绘制如图 7-99 所示的基准符号图形。然后选取长度为 7.5 的竖直轮廓线并单击鼠标右键，在打开的快捷菜单中选择【特性】选项。接着在打开的面板中修改线宽为 0.3。

图 7-98　标注带直径符号的线性尺寸

图 7-99　绘制基准符号图形并修改线宽

⑲ 单击【定义属性】按钮，在打开的对话框中分别定义块的属性和文字格式。然后单击【确定】按钮，并选取圆的圆心为属性文字的放置点，效果如图 7-100 所示。

⑳ 单击【创建】按钮，在对话框中输入新建块的名称为"基准符号"。然后指定基点，并框选组成块的对象，单击【确定】按钮。此时在打开的【编辑属性】对话框中接受默认的基准符号，并单击【确定】按钮，即可创建带属性的基准符号图块，效果如图 7-101 所示。

图 7-100　设置基准符号属性并放置属性文字　　　　图 7-101　创建带属性的基准符号块

㉑ 单击【插入】按钮，在【名称】的下拉列表中选取上步创建的"基准符号"图块，并单击【确定】按钮，效果如图 7-102 所示。

㉒ 指定如图 7-103 所示的点为插入点，插入该块。继续利用【插入】工具，重复上步操作，指定相应点为插入点，并输入字母"B"，插入该块。

图 7-102　插入块

图 7-103　插入基准符号

㉓ 利用【直线】和【修剪】工具绘制粗糙度符号图形。然后单击【定义属性】按钮，在打开的对话框中启用【锁定位置】复选框，并定义粗糙度块的属性和文字格式，如图 7-104 所示。

㉔ 设置完成后单击【确定】按钮，依次选取文字对齐放置的两个端点，将属性标记文字插入到当前视图中。然后利用【移动】工具将插入的属性文字向上移动至合适位置，效果如图 7-105 所示。

㉕ 单击【创建】按钮，在对话框中输入新建块的名称为"粗糙度"。然后指定基点，并框选组成块的对象，单击【确定】按钮。接着在【编辑属性】对话框中接受默认的粗糙度数值，单击【确定】按钮，效果如图 7-106 所示。

图 7-104 绘制粗糙度符号图形并设置块属性 　　　　　　　图 7-105 放置属性文字

㉖ 利用【插入】工具指定如图 7-107 所示的点为插入点，插入粗糙度图块，并输入粗糙度值为 0.8。继续利用【插入】工具，在【旋转】选项组中启用【在屏幕上指定】复选框。然后指定相应点为插入点，并输入旋转角度为 90°，粗糙度值为 1.6，插入粗糙度图块。

图 7-106 创建带属性的粗糙度图块 　　　　　　　图 7-107 插入粗糙度图块

7.8 扩展练习：绘制导向器

本练习绘制一个料滴导向器，效果如图 7-108 所示。该导向器多用于玻璃制品的生产当中，例如显示器和玻锥等。玻璃料滴流入模具之前经过该装置是为了调整料滴的形状，从而使产品符合工艺参数。

图 7-108 导向器全剖视图效果

分析其外形结构，该视图是一般的全剖视图，具有对称性的特点。在绘图过程中可以先绘制出图形的一半，再进行镜像操作，最后利用【图案填充】工具绘制剖面线即可。另外，在标注过程中通过【创建】和【插入】工具标注粗糙度符号，使读者了解添加块的相关操作。

7.9 扩展练习：利用动态图块绘制支座

　　本练习绘制一支座零件图，效果如图 7-109 所示。支座指用以支撑设备重量，并使其固定于一定位置的支撑部件。该零件为一立式支座，其主要结构由底座、阶梯孔和支撑架等组成。其中阶梯孔均匀分布于底座四周，起到定位和固定的作用。该支座零件图包括俯视图和左视图。

图 7-109　支座零件图效果

　　绘制该支座零件图时，首先利用【直线】、【圆角】和【多段线】工具绘制俯视图轮廓的一半。然后利用【修剪】和【镜像】工具绘制俯视图的主要轮廓。接着利用【圆】工具绘制阶梯孔图形，并将其创建为带属性的动态图块，插入到俯视图中完成阶梯孔的绘制。最后根据投影规律利用【直线】、【偏移】和【修剪】工具绘制左视图。

第 8 章

三维建模基础

三维模型是对三维形体的空间描述，它可以直观地表达产品的设计效果。在机械设计中，三维零件由于其立体性和各部分结构的复杂多样性，需要设置不同的视觉样式来显示模型，或从不同的方位来观察模型，进而详细了解零件的各部分结构。这就需要利用 AutoCAD 三维建模空间提供各种观察工具、坐标系定位工具以及各种控制视觉样式的工具，全方位地辅助零件建模。

本章主要介绍 AutoCAD 三维绘图的基础知识、UCS 的设置方法以及控制三维视图显示效果的方法，并详细介绍了各种观察三维视图的方法。

本章学习目的：

➢ 了解三维绘图的基础知识
➢ 掌握 UCS 的创建方法
➢ 熟悉控制三维模型显示的各种方法
➢ 熟悉各种观察工具的使用方法

8.1 三维绘图概述

传统的二维绘图设计需要通过投影图来想象其立体形状，这样给实际的交流和生产带来了极大的不便。从平面到三维造型技术是一个质的飞跃，三维造型技术可以使用户在模拟的三维空间随心所欲地直接创建立体模型，更加形象逼真地传达用户的设计意图。

8.1.1 三维模型的分类

三维模型是二维投影图立体形状的间接表达。利用计算机绘制的三维图形称为三维几何模型，它比二维模型更加接近真实的对象。

　　要创建三维模型，首先必须进入三维建模空间。只需在 AutoCAD 顶部的【工作空间】下拉列表中选择【三维建模】选项，即可切换至三维建模空间，如图 8-1 所示。在 AutoCAD 中，用户可以创建线框模型、曲面模型和实体模型 3 种类型的三维模型，现分别介绍如下。

图 8-1　三维建模空间

1. 线框模型

　　线框模型没有面和体的特征，仅是三维对象的轮廓。它由点、直线和曲线等对象组成，不能进行消隐和渲染等操作。创建对象的三维线框模型实际上是在空间的不同平面上绘制二维对象。由于构成该种模型的每个对象都必须单独绘制出来，因此这种建模方式比较耗时，效果如图 8-2 所示。

图 8-2　三维线框模型

2. 曲面模型

　　曲面模型既定义了三维对象的边界，又定义了其表面。AutoCAD 用多边形代表各个小的平面，而这些小平面组合在一起构成了曲面，即网格表面。网格表面只是真实曲面的近似表达。该类模型可以进行消隐和渲染等操作，但不具有体积和质心等特征，效果如图 8-3 所示。

3. 实体模型

　　三维实体具有线、面和体等特征，可以进

图 8-3　曲面模型

行消隐和渲染等操作，并且包含体积、质心和转动惯量等质量特性。用户可以直接创建长方体、球体和锥体等基本实体，还可以通过旋转或拉伸二维对象创建三维实体。此外，三维实体间还可以进行布尔运算，以生成更为复杂的立体模型，效果如图 8-4 所示。

图 8-4　实体模型

8.1.2　三维建模的专业术语

在三维操作环境中创建的实体模型往往是在平面上进行的，所不同的是用户可以在任意方向和位置对应的平面创建三维对象，因此必须在平面的基础上深刻了解并认识立体对象。在绘制三维图形时，首先需要了解几个非常重要的基本概念，如视点、高度、厚度和 Z 轴等，如图 8-5 所示。下面将对这些基本概念进行详细介绍。

图 8-5　三维视图术语

- ❑ **视点**　视点是指用户观察图形的方向。例如当我们观察场景中的一个实体曲面时，如果当前位于平面坐标系，即 Z 轴垂直于屏幕，则此时仅能看到实体在 XY 平面上的投影；如果调整视点至【西南等轴测】方向，系统将显示其立体效果，如图 8-6 所示。
- ❑ **Y 平面**　它是一个平滑的二维面，仅包含 X 轴和 Y 轴，即 Z 坐标为 0。
- ❑ **Z 轴**　Z 轴是三维坐标系中的第三轴，它总是垂直于 XY 平面。
- ❑ **平面视图**　当视线与 Z 轴平行时，用户看到的 XY 平面上的视图即为平面视图。
- ❑ **高度**　高度主要是 Z 轴上的坐标值。
- ❑ **厚度**　厚度指对象沿 Z 轴测得的相对长度。
- ❑ **相机位置**　如果用照相机比喻，观察者通过照相机观察三维模型，照相机的位置相当于视点。
- ❑ **目标点**　用户通过照相机看某物体时，它会聚集到一个清晰点上，该点就是目标点。在 AutoCAD 中，坐标系原点即为目标点。

图 8-6　改变视点前后的效果

- ❑ **视线**　视线是假想的线，它是将视点与目标点连接起来的线。
- ❑ **与 XY 平面的夹角**　该角度即视线与其在 XY 平面的投影线之间的夹角。
- ❑ **XY 平面角度**　该角度即视线在 XY 平面的投影线与 X 轴正方向之间的夹角。

8.2　三维坐标系

在构造三维模型时，用户经常需要使用指定的坐标系作为参照，以便精确地绘制或定位某个对象，或者通过调整坐标系到不同的方位来完成特定的任务。此外在 AutoCAD 中，大多数的三维编辑命令都依赖于坐标系的位置和方向进行操作，因此可以说三维建模离不开三维坐标系。

8.2.1　三维坐标系基础知识

三维空间内的所有几何物体，无论其形状多么复杂，归根到底都是许多空间点的集合。有了三维空间的坐标系统，三维造型就成为可能。因此三维坐标系统是确定三维对象位置的基本手段，是研究三维空间的基础。

1．三维坐标系类型

在三维环境中，与 X-Y 平面坐标系统相比，三维世界坐标系统多了一个数轴 Z。增加的数轴 Z 给坐标系统多规定了一个自由度，并和原来的两个自由度（X 和 Y）一起构成了三维坐标系统，简称三维坐标系。在 AutoCAD 中，系统提供了以下 3 种三维坐标系类型。

❑ 三维笛卡儿坐标系

笛卡儿坐标系是由相互垂直的 X 轴、Y 轴和 Z 轴 3 个坐标轴组成的。它是利用这 3 个相互垂直的轴来确定三维空间的点，图中的每个位置都可由相对于原点（0，0，0）的坐标点来表示。

三维笛卡儿坐标使用 X、Y 和 Z 3 个坐标值来精确地指定对象位置。输入三维笛卡儿坐标值（X、Y、Z）类似于输入二维坐标值（X、Y），除了指定 X 和 Y 值外，用户还需要指定 Z 值。图 8-7 所示的坐标值（3，2，5）就是指一个沿 X 轴正方向 3 个单位，沿 Y 轴正方向 2 个单位，沿 Z 轴正方向 5 个单位的点。

图 8-7　三维绝对笛卡儿坐标系

使用三维笛卡儿坐标时，用户可以输入基于原点的绝对坐标值，也可以输入基于上一输入点的相对坐标值。如果要输入相对坐标，需使用符号@作为前缀，如输入（@1，0，0）表示在 X 轴正方向上距离上一点一个单位的点。

❑ 圆柱坐标系

圆柱坐标与二维极坐标类似，但增加了从所要确定的点到 XY 平面的距离值。三维点的圆柱坐标可以分别通过该点与 UCS 原点连线在 XY 平面上的投影长度、该投影与 X 轴正方向的夹角以及该点垂直于 XY 平面的 Z 值来确定，效果如图 8-8 所示。

例如一点的柱坐标为（20，45，15）表示该点与原点的连线在 XY 平面上的投影长度为 20 个单位，该投影与 X 轴的夹角为 45°，在 Z 轴上投影点的 Z 值为 15。

❑ **球面坐标系**

球面坐标也类似于二维极坐标。在确定某点时，用户应分别指定该点与当前坐标系原点的距离、点在 XY 平面的投影和原点的连线与 X 轴的夹角、点到原点连线与 XY 平面的夹角，效果如图 8-9 所示。

例如坐标(18<60<30)表示一点与当前 UCS 原点的距离为 18 个单位，在 XY 平面的投影与 X 轴的夹角为 60º，并且该点与 XY 平面的夹角为 30º。

图 8-8 柱坐标示意图

2．三维坐标系形式

在 AutoCAD 中，所有图形均使用一个固定的三维笛卡儿坐标系，称作世界坐标系 WCS，图中每一点均可用世界坐标系的一组特定（X，Y，Z）坐标值来表示。此外，用户也可以在三维空间的任意位置定义任一个坐标系，这些坐标系称作用户坐标系 UCS。且所定义的 UCS 位于 WCS 的某一位置和某一方向。

图 8-9 球坐标示意图

❑ **世界坐标系**

AutoCAD 为用户提供了一个绝对的坐标系，即世界坐标系（WCS）。且通常利用 AutoCAD 构造新图形时，系统将自动使用 WCS。虽然 WCS 不可更改，但用户可以从任意角度、任意方向来观察或旋转。

世界坐标系又称为绝对坐标系或固定坐标系，其原点和各坐标轴方向均固定不变。对于二维绘图来说，世界坐标系已足以满足要求，但在固定不变的世界坐标系中创建三维模型不太方便。此外，世界坐标系的图标在不同视觉样式下呈现不同的效果，图 8-10 所示为在线框模式下世界坐标系原点处的一个位于 XY 平面上的小正方形。

图 8-10 世界坐标系

❑ **用户坐标系**

相对于世界坐标系，用户可以根据需要创建无限多的坐标系，这些坐标系称为用户坐标系 UCS。为了有助于绘制三维图元，用户可以创建任意数目的用户坐标系，并可存储或重定义它们。正确运用 UCS 可以简化建模过程。

创建三维模型时，用户的二维操作平面可能是空间中的任何一个面。由于 AutoCAD 的大部分绘图操作都是在当前坐标系的 XY 平面内或与 XY 平面平行的平面中进行的，而用户坐标系的作用就是让用户设定坐标系的位置和方向，从而改变工作平面，便于坐标输入。如

图 8-11 所示创建用户坐标系,使用户坐标系的 XY 平面与实体前表面平行,便可以在前表面上创建圆柱体。

8.2.2 定制 UCS

AutoCAD 的大多数 2D 命令只能在当前坐标系的 XY 平面或与 XY 平面平行的平面中执行,因此如果用户要在空间的某一平面内使用 2D 命令,则应沿该平面位置创建新的 UCS。在三维建模过程中用户需要不断地调整当前坐标系。

在【常用】选项卡的【坐标】选项板中,系统提供了创建 UCS 的多种工具,如图 8-12 所示。各主要工具按钮的使用方法现分别介绍如下。

❑ **原点**

该工具主要用于修改当前用户坐标系原点的位置,而坐标轴方向与上一个坐标系相同,由它定义的坐标系将以新坐标存在。

单击【原点】按钮,然后在模型上指定一点作为新的原点,即可创建新的 UCS,效果如图 8-13 所示。

❑ **面**

该工具是通过选取指定的平面设置用户坐标系,即将新用户坐标系的 XY 平面与实体对象的选定面重合,以便在各个面上或与这些面平行的平面上绘制图形对象。

单击【面】按钮,然后在一个面的边界内或该面的某个边上单击,以选取该面(被选中的面将会亮显)。此时在打开的快捷菜单中选择【接受】选项,坐标系的 XY 平面将与选定的平面重合,且 X 轴将与所选面上的最近边重合,效果如图 8-14 所示。

❑ **对象**

该工具可以通过快速选择一个对象来定义一个新的坐标系,新定义的坐标系对应坐标轴的方向取决于所选对象的类型。

单击【对象】按钮,然后在图形对象上选取任一点后,UCS 将作相应的调整,并移动到该位置处,效果如图 8-15 所示。且当选择不同类型的图形对象,新坐标系的原点位置以及 X 轴的方向会有所不同,表 8-1 列出了所选对象与新坐标系之间的关系。

图 8-11 用户坐标系

图 8-12 创建 UCS 的各种工具

图 8-13 指定原点创建 UCS

图 8-14　选取面创建 UCS

图 8-15　选择对象创建 UCS

表 8-1　选取对象与 UCS 的关系

对象类型	新建 UCS 方式
直线	距离选取点最近的一个端点成为新 UCS 的原点，X 轴沿直线的方向，并使该直线位于新坐标系的 XY 平面
圆	圆的圆心成为新 UCS 的原点，X 轴通过选取点
圆弧	圆弧的圆心成为新 UCS 的原点，X 轴通过距离选取点最近的圆弧端点
二维多段线	多段线的起点成为新 UCS 的原点，X 轴沿从起点到下一个顶点的线段延伸方向
实心体	实体的第一点成为新 UCS 的原点，新 X 轴为两起始点之间的直线
尺寸标注	标注文字的中点为新的 UCS 的原点，新 X 轴的方向平行于绘制标注时有效 UCS 的 X 轴

❑　视图

该工具使新坐标系的 XY 平面与当前视图方向垂直，Z 轴与 XY 平面垂直，而原点保持不变。该坐标系通常用于标注文字，适用于文字需要与当前屏幕平行而不需要与对象平行时的情况。

单击【视图】按钮，新坐标系的 XY 平面将与当前视图方向垂直，此时添加的文字效果如图 8-16 所示。

❑　X/Y/Z

该方式是指保持当前 UCS 的原点不变，通过将坐标系绕 X 轴、Y 轴或 Z 轴旋转一定角度来创建新的用户坐标系。

单击【Z】按钮，然后输入绕该轴旋转的角度值并按 Enter 键，即可将 UCS 绕 Z 轴旋转。图 8-17 所示就是坐标系绕 Z 轴旋转 90° 的效果。

图 8-16　通过视图创建 UCS

图 8-17　旋转 UCS

提　示

在旋转轴创建 UCS 时，最容易混淆的是哪个方向为旋转正方向。此时用户可运用右手定则简单确定：如果竖起大拇指指向旋转轴的正方向，则其他手指的环绕方向为旋转正方向。

❏ 世界🖰

该工具用来切换回世界坐标系，即 WCS。用户只需单击【UCS，世界】按钮🖰，UCS 即可变为世界坐标系，效果如图 8-18 所示。

❏ Z 轴矢量📐

Z 轴矢量是通过指定 Z 轴的正方向来创建新的用户坐标系。利用该方式确定坐标系需指定两点，指定的第一点作为坐标原点，指定第二点后，第二点与第一点的连线决定了 Z 轴正方向。且此时系统将根据 Z 轴方向自动设置 X 轴和 Y 轴的方向。

单击【Z 轴矢量】按钮📐，然后在模型上指定一点确定新原点，并指定另一点确定 Z 轴。此时系统将自动确定 XY 平面，创建新的用户坐标系。图 8-19 所示即是分别指定点 A 和点 B 确定 Z 轴，系统自动确定 XY 平面而创建的坐标系。

图 8-18　切换回世界坐标系

图 8-19　指定 Z 轴创建 UCS

> 提—示
>
> 　使用该工具创建 UCS 的优点在于：可以快速建立当前 UCS，且 Z 轴为可见。如果用户关心的只是 UCS 的 Z 轴正向，可首选该定制工具。

❏ 三点🖰

利用该方式只需选取 3 个点即可创建 UCS。其中第一点确定坐标系原点，第二点与第一点的连线确定新 X 轴，第三点与新 X 轴确定 XY 平面。且此时 Z 轴的方向将由系统自动设置为与 XY 平面垂直。

如图 8-20 所示，指定点 A 为坐标系新原点，并指定点 B 确定 X 轴正方向。然后指定点 C 确定 Y 轴正方向，按 Enter 键，即可创建新坐标系。

图 8-20　指定三点创建 UCS

8.2.3　控制 UCS

在创建三维模型时，当前坐标系图标的可见性是可以进行设置的，用户可以任意地显示或隐藏坐标系。此外，坐标系图标的大小也可以随意进行设置。

1．显示或隐藏 UCS

用户要改变坐标系图标的显示状态，可以在命令行中输入 UCSICON 指令后按 Enter 键，并输入指令 OFF，则显示的 UCS 将被隐藏起来，效果如图 8-21 所示。而输入指令 ON，则隐藏的 UCS 将显示出来。

此外直接在【坐标】选项板中单击【隐藏 UCS 图标】按钮或【显示 UCS 图标】按钮，也可以将 UCS 隐藏或显示，且此时显示的是世界坐标系。而如果要显示当前坐标系，用户可以单击【在原点处显示 UCS 图标】按钮，效果如图 8-22 所示。

2. 修改 UCS 图标大小

在一些图形中通常为了不影响模型的显示效果，可以将坐标系的图标变小。且 UCS 图标大小的变化只有当视觉样式为【二维线框】下才可以查看。

在【坐标】选项板中单击【UCS 图标，特性…】按钮，系统将打开【UCS 图标】对话框，如图 8-23 所示。在该对话框中即可设置 UCS 图标的样式、大小和颜色等特性。

在该对话框的【UCS 图标大小】文本框中可以直接输入图标大小的数值，也可以拖动右侧的滑块来动态调整图标的大小，效果如图 8-24 所示。

8.3 控制三维视图显示

为创建和编辑三维图形中各部分的结构特征，用户需要不断调整模型的显示方式和视图位置。其中，控制三维视图的显示可以实现视角、视觉样式和三维模型显示平滑度的改变。这样不仅可以改变模型的真实投影效果，更有利于精确设计产品模型。

8.3.1 设置视觉样式

零件的不同视觉样式呈现出不同的视觉效果，例如要形象地展示模型效果，可以切换为概念样式；如果要表达模型的内部结构，可以切换为线框样式。

图 8-21　隐藏当前坐标系

图 8-22　显示当前坐标系

图 8-23　【UCS 图标】对话框

图 8-24　调整 UCS 图标大小

1. 视觉样式的切换

在 AutoCAD 中为了观察三维模型的最佳效果，用户往往需要不断地切换视觉样式。通过切换视觉样式，不仅可以方便地观察模型效果，而且一定程度上还可以辅助创建模型。例如在绘制构造线时可以切换至【三维线框】或【二维线框】样式，以选取模型内部的特殊点。

视觉样式用来控制视口中模型边和着色的显示，用户可以在视觉样式管理器中创建和更改不同的视觉样式，如图 8-25 所示。【视觉样式】列表框中各主要类型的含义如下所述。

❑ **二维线框** 该样式用直线或曲线来显示对象的边界。其中光栅、OLE 对象、线型和线宽均可见，且线与线之间是重复的叠加。

❑ **三维线框** 该样式用直线或曲线作为边界来显示对象，且显示一个已着色的三维 UCS 图标，但光栅、OLE 对象、线型和线宽均不可见。

图 8-25 视觉样式类型

❑ **三维隐藏** 该样式用三维线框来表示对象，并消隐表示后面的线。

❑ **真实** 该样式表示着色时使对象的边平滑化，并显示已附着到对象的材质。

❑ **概念** 该样式表示着色时使对象的边平滑化，使用冷色和暖色进行过渡。着色的效果缺乏真实感，但用户可以方便地查看模型的细节。

图 8-26 不同视觉样式的对比效果

❑ **着色** 该样式表示模型仅仅以着色显示，并显示已附着到对象的材质。这 6 种主要视觉样式的对比效果如图 8-26 所示。

2. 视觉样式管理器

在实际建模过程中，用户可以通过【视觉样式管理器】选项板来控制线型颜色、样式面、背景显示、材质和纹理以及模型显示的精度等特性。

在【视觉样式】下拉列表的最下方选择【视觉样式管理器】选项，然后在打开的选项板中选择不同的视觉样式即可切换至对应的特性面板，对所选当前图形视觉样式的面、环境和边进行设置，如图 8-27 所示。各主要样式特性面板的参数选项含义如下所述。

❏ 【二维线框】特性

二维线框的特性面板主要用于控制轮廓素线的显示、线型的颜色、光晕间隔百分比以及线条的显示精度。它的设置直接影响线框的显示效果。图8-28所示就是轮廓素线分别为4和28时的对比效果。

❏ 【三维线框】特性

三维线框特性面板包括面、环境以及边等特性的设置，具体包括面样式、背景、边颜色以及边素线等特性。其中常用的面样式是指控制面的着色模式，背景是指控制绘图背景的显示，而边素线和颜色则与二维线框类似。图8-29所示就是将三维线框设置为3种不同面样式的对比效果。

注　意

【真实】样式表现出物体面非常接近于面在现实中的表现方式；【古氏】样式使用冷色和暖色，而不是暗色和亮色增强面的显示效果。这些面可以附加阴影，并且很难在真实显示中看到。

❏ 【三维隐藏】特性

三维隐藏的特性面板与三维线框基本相同，区别在于三维隐藏是将边线镶嵌于面以显示出面的效果，因此多出了【折缝角度】和【光晕间隔】等特性。其中，折缝角度主要用于创建更光滑的镶嵌表面，折缝角越大，表面越光滑；而光晕间隔则是镶嵌面与边交替隐藏的间隔。例如分别将折缝角变小、将光晕间隔增大时，其表面变换效果如图8-30所示。

图8-27　【视觉样式管理器】对话框

图8-28　修改二维线框的轮廓素线

图8-29　修改模型的面样式

❏ 【概念】特性

【概念】特性面板同【三维隐藏】基本相同，区别在于【概念】视觉样式是通过着色显示面的效果，而【三维隐藏】则是无面样式显示。此外，它可以通过亮显强度、不透明度以及材质和颜色等特性对比显示较强的模型效果。

如图8-31所示，在【面设置】面板中单击【不透明度】按钮，即可在下方激活的文本框中设置不透明参数，以调整模型的显示效果。

□ 【真实】特性

【真实】特性面板与【概念】基本相同，它真实显示模型的构成，并且每一条轮廓线都清晰可见。由于真实着色显示出模型结构，因此相对于概念显示来说，真实显示不存在折痕角、光晕间隔等特性。如果赋予其特殊材质特性，材质效果清晰可见，效果如图 8-32 所示。

图 8-30　修改【三维隐藏】视觉样式

8.3.2　改变模型曲面轮廓素线

与实体显示效果有关的变量主要有 ISOLINES、FACETRES 和 DISPSILH3 个系统变量。通过这 3 个变量可以分别控制线框模式下的网格线数量或消隐模式下的表面网格密度以及网格线的显示或隐藏状态。

图 8-31　修改【概念】视觉样式

1. 通过 ISOLINES 控制网格线数量

三维实体的面都是由多条线构成的，线条的多少决定了实体面的粗糙程度。用户可以利用 ISOLINES 指令设置对象上每个曲面的轮廓线数目，该值的范围是 0～2047。其中轮廓素线的数目越多，显示的效果也越细腻，但是渲染时间相对较长。

要改变模型的轮廓素线值，用户可以在绘图区的空白处单击鼠标右键，在打开的快捷菜单中选择【选项】选项。然后在打开的对话框中切换至【显示】选项卡，在【每个曲面的轮廓素线】文本框中输入数值，并单击【确定】按钮。接着在命令行中输入 REGEN 指令更新图形显示，即可显示更改后的效果，如图 8-33 所示。

图 8-32　修改【真实】视觉样式

图 8-33　改变轮廓素线值效果

2．通过 FACETRES 控制网格密度

通过系统变量 FACETRES，用户可以设置实体消隐或渲染后表面的网格密度。该变量值的范围为 0.01～10，值越大表明网格越密，消隐或渲染后的表面越光滑，效果如图 8-34 所示。

> **提　示**
>
> 此外，用户也可以在绘图区的空白处单击鼠标右键并选择【选项】选项。然后在打开的对话框中切换至【显示】选项卡，在【渲染对象的平滑度】文本框中设置网格密度参数即可。

图 8-34　更改表面光滑度

图 8-35　控制实体轮廓线的显示

3．通过 DISPSILH 控制实体轮廓线的显示

系统变量 DISPSILH 用于确定是否显示实体的轮廓线，有效值为 0 和 1。其中默认值为 0。当设置为 1 时显示实体轮廓线，否则不显示。该变量对实体的线框视图和消隐视图均起作用，并且更改该系统变量后，用户还需要在命令行中输入 REGEN 指令更新图形显示，才会显示更改后的效果，如图 8-35 所示。

8.3.3　改变模型表面的平滑度

用户可以通过改变实体表面的平滑度来控制圆、圆弧和椭圆的显示精度。平滑度越高，显示将越平滑，但是系统也需要更长的时间来运行重生成、平移或缩放对象的操作。

图 8-36　平滑度为 10 和 10000 时图形显示效果

AutoCAD 的平滑度默认值为 1000，切换至【选项】对话框的【显示】选项卡，即可在【圆弧和圆的平滑度】文本框中对该值进行重新设置，该值的有效范围为 1～20000。图 8-36 所示即是值为 10 和 10000 时的显示效果。

> **技　巧**
>
> 在绘制图形时可以将表面的平滑度设置为较低的值。而在渲染时增加该选项的值，可以提高 AutoCAD 的运行速度，从而提高工作效率。

8.4 观察三维视图

创建三维模型时，用户常常需要从不同的方向观察模型。当用户设定某个查看方向后，AutoCAD 将显示出对应的 3D 视图，具有立体感的 3D 视图将有助于正确理解模型的空间结构。此外，AutoCAD 提供了一个交互的三维动态观察器，用户可以对模型进行平移、缩放以及旋转等操作，以便对图形的不同位置以及局部细节进行观察。用户还可以利用漫游和飞行工具动态地观察视图。

8.4.1 设置正交和等轴测视图

在三维操作环境中，用户可以通过指定正交和轴测视点观测当前模型。其中正交视图是从坐标系统的正交方向观测所得到的视图；而轴测视图是从坐标系统的轴测方向观测所获得的视图。指定这两类视图的方法主要有以下两种。

1．利用选项板工具设置视图

在【三维建模】空间中展开【常用】选项卡，并在【视图】选项板中选择【三维导航】选项。然后在打开的下拉列表中选择指定的选项，即可切换至相应的视图模式，效果如图 8-37 所示。

2．利用三维导航器设置视图

在【三维建模】空间中使用三维导航器工具可以切换各种正交或轴测视图模式：6 种正交视图、8 种正等轴测视图和 8 种斜等轴测视图。

图 8-37　利用选项板工具设置视图

利用三维导航工具可以根据需要快速地调整视图的显示方式。该导航工具以非常直观的 3D 导航立方体显示在绘图区中。单击该工具图标的各个位置，系统即可显示不同视点的视图效果，如图 8-38 所示。

此外，三维导航器图标的显示方式是可以修改的。右击该图标左上方按钮，在打开的快捷菜单中选择【ViewCube 设置】选项，系统将打开如图 8-39 所示对话框。用户在该对话框中即可根据需要进行导航器的各种设置。

图 8-38　利用导航工具查看视图

8.4.2 动态观察类型

利用 AutoCAD 的动态观察功能可以交互式且直观地显示三维模型，从而方便地检查所创建的实体模型是否符合要求。在 AutoCAD 中，动态观察模型的方式包括以下 3 种。

1. 动态观察

利用该工具可以对视图中的图形进行一定约束的动态观察，即可以水平、垂直或对角拖动对象进行动态观察。在观察视图时，视图的目标位置保持不动，而相机位置（观察点）围绕该目标移动。系统默认观察点会约束为沿着世界坐标系的 XY 平面或 Z 轴移动。

在【视图】选项卡的【导航】选项板中单击【动态观察】按钮 ，系统将激活交互式的动态视图。用户可以通过单击并拖动鼠标来改变观察方向，从而非常方便地获得不同方向的 3D 视图，效果如图 8-40 所示。

2. 自由动态观察

自由动态观察工具可以使观察点绕视图的任意轴进行任意角度的旋转，从而对图形进行任意角度的观察。

在【导航】选项板中单击【自由动态观察】按钮 ，围绕待观察的对象将形成一个辅助圆，且该圆被 4 个小圆分成 4 等份。该辅助圆的圆心是观察目标点，当用户按住鼠标拖动时，待观察的对象静止不动，而视点绕着 3D 对象旋转，显示的效果便是视图在不断地转动，效果如图 8-41 所示。

其中，当光标置于左右侧的小球上时，拖动鼠标模型将沿中心的垂直轴进行旋转；当光标置于上下方的小球上时，拖动鼠标模型将沿中心的水平轴进行旋转；当光标在圆形轨道外拖动时，模型将绕着一条穿过中心，且与屏幕正交的轴线进行旋转；当光标在圆形轨道内拖动时，可以在水平、垂直以及对角线等任意方向上旋转任意角度，即可以对对象做全方位的动态观察。

图 8-39 【ViewCube 设置】对话框

图 8-40 动态观察模型

图 8-41 自由动态观察模型

3. 连续动态观察

该工具可以使观察对象绕指定的旋转轴和旋转速度做连续的旋转运动，从而对其进行连续动态的观察。

在【导航】选项板中单击【连续动态观察】按钮，按住鼠标左键拖动启动连续运动，释放后模型将沿着拖动的方向继续旋转，旋转的速度取决于拖动模型时的速度。当再次单击或按 Esc 键时观察对象即可停止转动，效果如图 8-42 所示。

图 8-42　连续动态观察模型

8.4.3　漫游和飞行

在观察三维模型时，利用【漫游】和【飞行】工具可以动态地改变观察点相对于观察对象之间的视距和回转角度，从而使用户能够以任意距离、观察角度对模型进行观察。

由于漫游和飞行功能只有在透视图中才可以使用，所以在使用该功能前，用户需单击屏幕右上角三维导航立方体的小房子按钮，将切换视图至透视效果。然后利用【工具栏】工具调出【三维导航】工具栏。接着在该工具栏中单击【漫游】按钮或【飞行】按钮，即可利用打开的【定位器】选项板设置位置指示器和目标指示器的具体位置，以调整观察窗口中视图的观察方位，如图 8-43 所示。

图 8-43　【定位器】选项板

此时将鼠标移动至【定位器】选项板中的位置指示器上，光标将变成形状，按住鼠标左键并拖动，即可调整绘图区中视图的方位；而在【常规】面板中用户可以对位置指示器和目标指示器的颜色、大小以及位置等参数进行相应的设置，效果如图 8-44 所示。

> **提　示**
>
> 在【常用】选项卡的【视图】选项板中设置焦距大小可以改变观察位置和目标位置之间的距离，从而改变漫游和飞行时视野的大小。

图 8-44　调整视图方向

另外，在【三维导航】工具栏中单击【漫游和飞行设置】按钮，用户即可在打开的【漫游和飞行设置】对话框中对漫游或飞行的步长以及每秒步数等参数进行设置，如图 8-45 所示。

设置好漫游和飞行操作的所有参数值后，单击【确定】按钮。然后单击【漫游】或【飞行】按钮，打开【定位器】选项板。此时将鼠标放置于绘图区中，即可使用键盘和鼠标交互在图形中漫游和飞行：使用 4 个箭头键或 W、S、A 和 D 键分别向下、向上、向右和向左移动；如果要指定查看方向，只需沿查看的方向拖动鼠标即可。

图 8-45　【漫游和飞行设置】对话框

8.5　课堂实例 8-1：创建销轴座模型

本例创建一销轴座模型，如图 8-46 所示。销轴座作为销轴的基础件之一，在生产制造中主要起到支撑和固定的双重作用。

该实体模型外形规则，且具有对称性。因此创建该模型的思路为：首先利用【直线】和【圆角】工具绘制底面轮廓，并利用【面域】、【拉伸】和【差集】工具创建底座实体。然后绘制支耳轮廓并创建为面域特征，利用【拉伸】、【差集】和【三维镜像】工具，创建支耳特征。最后创建凸台实体特征即可。

图 8-46　销轴座模型效果

操作步骤

① 切换当前视图方式为【俯视】，单击【直线】按钮和【圆】按钮，绘制如图 8-47 所示的尺寸轮廓。然后单击【修剪】按钮，修剪多余的轮廓线。

② 单击【面域】按钮，框选如图 8-48 所示的轮廓创建为面域特征。然后切换视觉样式为【概念】，观察创建的面域效果。

图 8-47　绘制轮廓并修剪

图 8-48　创建面域特征

③ 切换视觉样式为【3D 隐藏】，并切换当前视图方式为【西南等轴测】。然后单击【拉伸】按钮，选取上步创建的面域特征为拉伸对象，沿 Z 轴方向拉伸高度为 20，创建拉伸实体，效果如图 8-49 所示。

④ 单击【差集】按钮⑩，选取外部长方体为源对象，并选取内部长方体为要去除的对象进行差集操作，效果如图 8-50 所示。

图 8-49　创建拉伸实体　　　　　　　图 8-50　实体求差效果

⑤ 单击【UCS】按钮⊾，将当前坐标系的原点调整至如图 8-51 所示位置。然后切换当前视图方式为【左视】，利用【直线】、【圆】和【修剪】工具绘制支耳轮廓。接着利用【面域】工具将该支耳轮廓创建为两个面域特征。

⑥ 单击【UCS，世界】按钮⑩，将当前坐标系恢复至世界坐标系。然后切换当前视图方式为【西南等轴测】，选取支耳面域特征为拉伸对象，沿 X 轴方向拉伸长度为 15，效果如图 8-52 所示。

图 8-51　调整坐标系并绘制支耳轮廓　　　　　　　图 8-52　拉伸实体

⑦ 利用【差集】工具选取支耳的外部实体为源对象，并选取支耳内的圆柱体为要去除的对象进行差集操作，效果如图 8-53 所示。

⑧ 利用【UCS】工具将当前坐标系的原点调整至如图 8-54 所示的边的中点位置。然后单击【三维镜像】按钮⽘，选取拉伸创建的支耳实体为要镜像的对象，并指定 XY 平面为镜像平面，创建镜像实体。

图 8-53　实体求差效果　　　　　　　图 8-54　镜像实体

⑨ 单击【并集】按钮◎，选取底座和两个支耳实体为合并对象进行并集操作，效果如图 8-55 所示。

⑩ 切换当前视图方式为【后视】，利用【直线】和【圆】工具绘制如图 8-56 所示尺寸的轮廓。然后利用【面域】工具将绘制的轮廓创建为面域特征。

图 8-55 合并实体　　　　　　图 8-56 绘制轮廓并创建面域特征

⑪ 利用【UCS，世界】工具将当前坐标系恢复至世界坐标系。然后切换视图方式为【东北等轴测】，利用【拉伸】工具选取上步创建的面域特征为拉伸对象，沿–Y 轴方向拉伸长度为 15，拉伸效果如图 8-57 所示。

⑫ 利用【并集】工具选取销轴底座和上步创建的拉伸长方体为合并对象进行并集操作，效果如图 8-58 所示。

图 8-57 拉伸实体　　　　　　图 8-58 合并实体

⑬ 利用【差集】工具选取销轴座外部实体为源对象，并选取拉伸圆柱体为要去除的对象进行差集操作，效果如图 8-59 所示。

图 8-59 实体求差效果

8.6 课堂实例 8-2：创建轴承座模型

本例创建一轴承座模型，效果如图 8-60 所示。该轴承座的主要作用是稳定轴承及其所连接的回转轴，确保轴和轴承内圈平稳回转，避免因承载回转引起的轴承扭动或跳动。该轴承座主要由底座、楔体和侧支撑板结构组成。其中底座起支撑整体的作用，侧支撑板起支撑轴承回转部分的作用，而楔体则起加强侧支撑板和底座之间连接强度的作用。

创建该轴承座模型时，首先绘制底座轮廓，并利用【拉伸】创建拉伸实体。然后利用【差集】工具创建底座上的槽特征。接着利用【矩形】、【直线】、【圆】和【修剪】工具绘制侧支撑板轮廓，并利用【拉伸】工具创建侧支撑板实体。最后调整坐标系，利用【楔体】工具创建一侧楔体，镜像获得另一侧楔体，并利用【并集】工具将所有实体合并即可。

图 8-60 轴承座模型效果

操作步骤

① 切换当前视图样式为【俯视】，利用【直线】工具绘制两个矩形。然后利用【圆】和【修剪】工具绘制底座轮廓线，效果如图 8-61 所示。

② 单击【面域】按钮，框选所有图形创建面域。然后切换视觉样式为【概念】，观察创建的面域效果，效果如图 8-62 所示。

图 8-61 绘制底座轮廓线

图 8-62 创建面域

③ 切换视觉样式为【二维线框】，并切换当前视图样式为【西南等轴测】。然后单击【拉伸】按钮，选取底座面域为拉伸对象，沿 Z 轴方向拉伸高度为 1，创建拉伸实体，效果如图 8-63 所示。

④ 切换视觉样式为【二维线框】，单击【差集】按钮，选取外部实体为源对象，并选取内部实体为要去除的对象进行差集操作，效果如图 8-64 所示。

⑤ 利用【矩形】工具选取点 A 为第一个角点，并输入相对坐标（@6，0，6）确定另一个角点绘制矩形。然后切换视图样式为【前视】，利用【直线】、【圆】和【修剪】工具绘制侧支撑板轮廓，效果如图 8-65 所示。

⑥ 利用【面域】工具选取侧支撑板所有轮廓线创建面域。然后切换视图样式为【西南等

轴测】，利用【拉伸】工具选取该面域为拉伸对象，沿–Z 轴拉伸长度为 1，创建拉伸实体，效果如图 8-66 所示。

图 8-63　创建拉伸实体

图 8-64　实体求差效果

图 8-65　绘制侧支撑板轮廓

图 8-66　创建面域和拉伸实体

⑦ 利用【差集】工具选取外部侧支撑板实体为源对象，并选取内部的圆柱体为要去除的对象进行差集操作。然后利用【并集】工具将所有实体合并，效果如图 8-67 所示。

⑧ 单击【世界 UCS】按钮，将当前坐标系恢复至世界坐标系。然后单击【UCS】按钮，将当前坐标系的原点调整至如图 8-68 所示位置。接着单击【Z】按钮，并指定绕 Z 轴的旋转角度为 90°，按 Enter 键。

图 8-67　创建孔特征并合并

图 8-68　调整并旋转坐标系

⑨ 单击【楔体】按钮，选取原点为第一个角点，并输入坐标（2.5，–1）确定楔体底面第二点。然后输入沿 Z 轴的高度 2.5，创建楔体，效果如图 8-69 所示。

⑩ 单击【三维镜像】按钮，选取楔体为要镜像的对象，并指定 ZX 平面为镜像平面。然后指定侧支撑板上的孔中心为镜像中心点将楔体镜像，效果如图 8-70 所示。

图 8-69　创建楔体

图 8-70　镜像楔体

⑪ 切换视图样式为【东北等轴测】，利用【并集】工具选取所有实体进行并集操作，效果如图 8-71 所示。

8.7　扩展练习：创建组合体

图 8-71　合并实体

本练习创建一个组合体，效果如图 8-72 所示。创建该模型时，首先利用【拉伸】和【三维镜像】工具创建出组合体实体。然后利用【并集】工具将组合体外部轮廓合并，并利用【差集】工具创建孔特征。

8.8　扩展练习：创建底座

图 8-72　组合体模型

本练习创建一个底座实体，效果如图 8-73 所示。创建该模型时，首先利用【拉伸】工具创建实体特征，然后利用【并集】工具将两个部分合并，并利用【差集】工具创建孔特征。接着利用【楔体】工具创建加强筋即可。

图 8-73　底座模型

第 9 章

创建三维模型

一般情况下，二维图形难以全面表现出设计者理念中零部件的形状和尺寸，不能完全表达设计意图。即使通过创建若干个二维零件图来描述一个零件的三维构造，对于一些空间想象力不够强的人，并不能凭借几个零件图想象出零件的三维结构。此时便需要在 AutoCAD 中直接创建出零件的三维曲面或模型，以三维方式来形象逼真地表达零件的结构造型。

本章主要介绍在三维建模环境中创建各种三维曲线和网格曲面的方法以及利用 AutoCAD 相关的实体工具创建各种三维实体的方法。

本章学习目的：
➢ 掌握绘制各种三维线段的方法
➢ 掌握创建网格曲面的方法
➢ 掌握创建各种基本实体的方法
➢ 掌握由二维图形创建实体的方法

9.1 绘制三维曲线

在三维空间中，线是构成模型的基本元素，它同二维对象的直线类似，主要用来辅助创建三维模型。在 AutoCAD 中，三维线段主要包括直线、射线、构造线、多段线、螺旋线和样条曲线等类型。

9.1.1 绘制空间直线

在 AutoCAD 中绘制线框模型或部分实体模型时，往往需要用到空间直线。该类直线是点沿一个或两个方向无限延伸的结果，类似于绘制二维对象时用到的直线，起到辅助的作用。

1．绘制空间基本直线

三维空间中的基本直线包括直线、射线和构造线等类型。现以绘制空间直线为例，介绍其具体操作方法。

单击【直线】按钮☑，然后可以通过输入坐标值的方法来确定直线段的两个端点，也可以通过直接选取现有模型上的端点来绘制相应的直线，效果如图 9-1 所示。

2．三维多段线

三维多段线是多条不共面的线段和线段间的组合轮廓线，且所绘轮廓可以是封闭的或非封闭的直线段。而用户如果欲绘制带宽度和厚度的多段线，其多段线段必须共面，否则系统不予支持。

要绘制三维多段线，用户可以在【绘图】选项板中单击【三维多段线】按钮☒，然后依次指定各个端点即可，效果如图 9-2 所示。

图 9-1　绘制空间直线

9.1.2　绘制空间曲线

在绘制部分实体和曲面模型时会用到样条曲线和螺旋线等三维曲线来辅助绘制。下面分别介绍这两种曲线的绘制方法。

图 9-2　绘制三维多段线

1．样条曲线

样条曲线就是通过一系列给定控制点的一条光滑曲线，它在控制处的形状取决于曲线在控制点处的矢量方向和曲率半径。

要绘制样条曲线，可以在【绘图】选项板中单击【样条曲线】按钮☑，然后根据命令行的提示依次选取样条曲线的控制点即可。此外，对于空间样条曲线，用户还可以通过曲面网格创建自由曲面从而描述曲面等几何体，效果如图 9-3 所示。

图 9-3　绘制空间样条曲线

2．绘制三维螺旋线

螺旋线是指一个固定点向外以底面所在平面的法线为方向，并以指定的半径、高度或圈数旋绕而形成的规律曲线。在绘制弹簧或内外螺纹时，必须使用三维螺旋线作为轨迹线。

要绘制该曲线，用户可以在【绘图】选项板中单击【螺旋】按钮☒，并分别指定底面中心点、底面和顶面的半径值。然后设置螺旋线的圈数和高度值，即可完成螺旋线的绘制，效果如图 9-4 所示。

在绘制螺旋线时，用户如果选择【轴端点】选项，可以通过指定轴的端点绘制出以底面中心点到该轴端点距离为高度的螺旋线；选择【圈数】选项，可以指定螺旋线的螺旋圈数；选择【圈高】选项，可以指定螺旋线各圈之间的间距；选择【扭曲】选项，可以指定螺旋线的螺旋方向是顺时针或逆时针，效果如图 9-5 所示。

图 9-4　绘制三维螺旋曲线

9.2　创建网格曲面

三维曲面都是由多边形网格构成的小平面来近似表示的曲面，它主要由基本三维曲面和特殊三维曲面组成。其中特殊三维曲面都是通过定义网格的边界来创建平直的或弯曲的网格，它的尺寸和形状由定义它的边界及确定边界点所采用的公式决定。

图 9-5　设置螺旋方向

9.2.1　创建旋转网格曲面

旋转曲面是指将旋转对象绕指定的轴旋转所创建的曲面。其中旋转的对象叫做路径曲线，它可以是直线、圆弧、圆、二维多段线或三维多段线等曲线类型，也可以是由直线、圆弧或二维多段线组成的多个对象。生成旋转曲面的旋转轴可以是直线或二维多段线，且可以是任意长度和沿任意方向。

切换至【网格】选项卡，然后在【图元】选项板中单击【建模，网格，旋转曲面】按钮，命令行将显示线框密度参数。此时选取轨迹曲线，并指定旋转轴线。接着依次指定起点角度和包含角角度，即可创建旋转曲面，效果如图 9-6 所示。

在创建网格曲面时，使用 SURFTAB1 和 SURFTAB2 变量可以控制 U 和 V 方向的网格密度，效果如图 9-7 所示。但用户必须在创建曲面之前就设置好两个参数，否则创建的曲面图形不能再改变。

图 9-6　创建旋转曲面

9.2.2 创建平移网格曲面

平移曲面是通过沿指定的方向矢量拉伸路径曲线而创建的网格曲面。其中构成路径曲线的对象可以是直线、圆弧、圆和椭圆等单个对象，而方向矢量确定拉伸方向及距离，它可以是直线或开放的二维或三维多段线。

在【图元】选项板中单击【建模，网格，平移曲面】按钮，然后依次选取路径曲线和方向矢量即可创建相应的平移曲面，效果如图 9-8 所示。

如果选取多段线作为方向矢量，则平移方向将沿着多段线两端点的连线方向，并沿矢量方向远离选取点的端点方向创建平移曲面，效果如图 9-9 所示。

9.2.3 创建直纹网格曲面

直纹曲面是在两个对象之间创建的网格曲面。这两个对象可以是直线、点、圆弧、圆、多段线或样条曲线。如果一个对象是开放或闭合的，则另一个对象也必须是开放或闭合的；如果以一个点作为一个对象，而另一个对象则不必考虑是开放或闭合的，但两个对象中只能有一个是点对象。

在【图元】选项板中单击【建模，网格，直纹曲面】按钮，然后依次选取如图 9-10 所示的两条开放边线，即可创建相应的直纹曲面。其中，当曲线为封闭的圆轮廓线时，直纹曲面从圆的零度角位置开始创建；当曲线是闭合的多段线时，直纹曲面则从该多段线的最后一个顶点开始创建。

9.2.4 创建边界网格曲面

边界曲面是一个三维多边形网格，该曲面网格由 4 条邻边作为边界，且边界曲线首尾相连。其中边界线可以是圆弧、直线、多段线、样条曲

当前线框密度：SURFTAB1=6 SURFTAB2=6

U、V 方向网格密度为 6×6

U、V 方向网格密度为 30×30

当前线框密度：SURFTAB1=30 SURFTAB2=30

图 9-7　设置不同的网格线密度

2.指定方向矢量

创建效果

选择用作方向矢量的对象：

1.选取路径曲线

图 9-8　创建平移曲面

2. 指定该多段线为方向矢量

创建效果

选择用作方向矢量的对象：

1. 选取路径曲线

图 9-9　选取多段线为方向矢量创建平移曲面

1.选取该曲线

创建效果

选择第二条定义曲线：

2.选取该曲线

图 9-10　创建直纹曲面

线和椭圆弧等曲线类型。每条边分别为单个对象，而且要首尾相连形成封闭的环，但不要求一定共面。

在【图元】选项板中单击【建模，网格，边界曲面】按钮 ，然后依次选取相连的 4 条边线，即可创建相应的边界曲面，效果如图 9-11 所示。

图 9-11　创建边界曲面

9.3　创建基本实体

基本实体是指具有实心的对象（如长方体、圆柱体和球体等），它主要的几何特征表现为体。由于实体能够更完整准确地表达模型的机构特征，所包含的模型信息也更多，所以实体模型是当前三维造型领域最为先进的造型方式。

9.3.1　长方体

相对于面构造体而言，实心长方体的创建方法既简单又快捷，用户只需指定长方体的两个对角点和高度值即可。要注意的是长方体的底面始终与当前坐标系的 XY 平面平行。

在【常用】选项卡的【建模】选项板中单击【长方体】按钮 ，命令行将显示"指定第一个角点或[中心（C）]"的提示信息，创建长方体的两种方法现分别介绍如下。

1. 指定角点创建长方体

该方法是创建长方体的默认方法，即通过依次指定长方体底面的两对角点，或者指定一角点和长、宽、高的方式来创建长方体。

单击【长方体】按钮 ，然后依次指定长方体底面的对角点并输入高度值，即可创建相应的长方体特征，效果如图 9-12 所示。

如果指定第一个角点后在命令行中输入字母 C，然后指定一点或输入长度值，将获得立方体特征；如果在命令行中输入字母 L，则需要分别输入长度、宽度和高度值获得长方体。

图 9-12　指定对角点创建长方体

2. 指定中心创建长方体

该方法是通过指定长方体的截面中心，然后指定角点确定长方体截面的方式来创建长方体的。其中，长方体的高度向截面的两侧对称生成。

选择【长方体】工具后，输入字母 C。然后在绘图区中选取一点作为截面中心点，并选取另一点或直接输入截面的长宽数值来确定截面大小。接着输入高度数值，即可完成长方体的创建，效果如图 9-13 所示。

9.3.2 球体

球体是三维空间中到一个点的距离完全相同的点集合形成的实体特征。在 AutoCAD 中，球体的显示方法与球面有所不同，用户能够很方便地查看究竟是球面还是球体。

单击【球体】按钮〇，命令行将显示"指定中心点或[三点（3P）/两点（2P）/切点、切点、半径（T）]: "的提示信息。此时直接捕捉一点作为球心，然后指定球体的半径或直径值，即可获得球体效果，如图 9-14 所示。另外用户还可以按照命令行的提示使用以下 3 种方式创建球体。

图 9-13　指定中心创建长方体

- ❏ **三点**　该方式通过在三维空间的任意位置指定 3 个点来定义球体的圆周。这 3 个指定点还定义了圆周平面。
- ❏ **两点**　该方式通过在三维空间的任意位置指定两个点来定义球体的圆周。圆周平面由第一个点的 Z 值定义。

图 9-14　指定中心和半径创建球体

- ❏ **切点、切点、半径**　该方式可创建具有指定半径且与两个对象相切的球体。其中，用户指定的切点投影在当前 UCS 上。

9.3.3 圆柱体

在 AutoCAD 中，圆柱体是以圆或椭圆为截面形状，沿该截面法线方向拉伸所形成的实体。圆柱体在制图时较为常用，例如各种轴类零件、建筑图形中的各类立柱等。

单击【圆柱体】按钮▢，命令行将显示"指定底面的中心点或[三点(3P)/两点(2P)/切点、切点、半径(T)/椭圆(E)]: "的提示信息。创建圆柱体的方法主要有两种，现分别介绍如下。

1. 创建普通圆柱体

该方法是最常用的创建方法，即创建的圆柱体中轴线与 XY 平面垂直。创建该类圆柱体时，应首先确定圆柱体底面圆心的位置，然后输入圆柱体的半径值和高度值即可。

选择【圆柱体】工具后，选取一点确定圆柱体的底面圆心，然后分别输入底面半径值和高度值，即可创建相应的圆柱体特征，效果如图 9-15 所示。

图 9-15　指定圆柱高度创建圆柱体

2．创建椭圆圆柱体

椭圆圆柱体指圆柱体上下两个端面的形状为椭圆。创建该类圆柱体时，只需选择【圆柱体】工具后，在命令行中输入字母 E。然后分别指定两点确定底面椭圆第一轴的两端点，并再指定一点作为另一轴端点，完成底面椭圆的绘制。接着输入高度数值，即可创建相应的椭圆圆柱体特征，效果如图 9-16 所示。

9.3.4　圆锥体

圆锥体是以圆或椭圆为底面形状，沿其法线方向并按照一定锥度向上或向下拉伸创建的实体模型。用户利用【圆锥体】工具可以创建圆锥和平截面圆锥体两种类型的实体特征，现分别介绍如下。

图 9-16　创建椭圆圆柱体

1．创建圆锥体

与普通圆柱体一样，用户利用【圆锥体】工具可以创建轴线与 XY 面垂直的圆锥和斜圆锥。其创建方法与圆柱体创建方法相似，这里仅以圆形锥体为例，介绍圆锥体的具体创建方法。

单击【圆锥体】按钮△，指定一点为底面圆心，并指定底面半径或直径数值。然后指定圆锥高度值，即可创建相应的圆锥体特征，效果如图 9-17 所示。

图 9-17　创建圆锥体

2．创建圆锥台

圆锥台是由平行于圆锥底面，且与底面的距离小于锥体高度的平面为截面截取圆锥而创建的实体。

选择【圆锥体】工具后，指定底面中心，并输入底面半径值。然后在命令行中输入字母 T，设置顶面半径和圆台高度即可完成圆锥台的创建，效果如图 9-18 所示。

图 9-18　创建平截面圆锥体

9.3.5　楔体

楔体是长方体沿对角线切成两半后所创建的实体，且其底面总是与当前坐标系的工作平面平行。该类实体通常用于填充物体的间隙，例如安装设备时常用的楔铁和楔木。

单击【楔体】按钮，然后依次指定楔体底面的两个对角点并输入楔体高度值，即可创建相应的楔体特征，效果如图 9-19 所示。

在创建楔体时，楔体倾斜面的方向与各个坐标轴之间的位置关系有密切联系。一般情况下，楔体的底面均与坐标系的 XY 平面平行，且创建的楔体倾斜面方向从 Z 轴方向指向 X 轴或–X 轴方向，效果如图 9-20 所示。

图 9-19　创建楔体

9.3.6　棱锥体

棱锥体是以多边形为底面形状，沿其法线方向按照一定锥度向上或向下拉伸创建的实体模型。利用【棱锥体】工具可以创建棱锥和棱台两种类型的实体特征，现分别介绍如下。

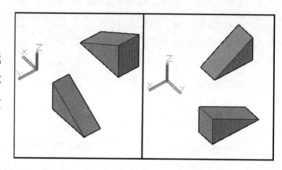

图 9-20　坐标轴位置不同的创建效果

1．创建棱锥体

棱锥体是以一多边形为底面，而其他各面是由一个公共顶点，且具有三角形特征的面所构成的实体。

单击【棱锥体】按钮，命令行将显示"指定底面的中心点或 [边(E)/侧面(S)]："的提示信息，且棱锥体默认侧面数为 4。此时指定一点作为底面中心点，并设置底面半径值和棱锥体的高度值，即可创建相应的棱锥体特征，效果如图 9-21 所示。

此外，用户如果在命令行中输入字母 E，可以指定棱锥体底面的边长；如果在命令行中输入 S，可以设置棱锥体侧面的个数。

图 9-21　创建四棱锥

> **提示**
>
> 在利用【棱锥体】工具进行棱锥体的创建时，用户所指定的侧面数必须是 3 至 32 之间的整数。

2．创建平截面棱锥体

平截面棱锥体即是以平行于棱锥体底面，且与底面的距离小于棱锥体高度的平面为截面与该棱锥体相交所得到的实体。

选择【棱锥体】工具，指定底面中心和底面半径后输入字母 T，然后分别指定顶面半径和棱锥体高度，即可创建出相应的平截面棱锥体特征，效果如图 9-22 所示。

图 9-22　创建棱锥台

9.4　二维图形生成实体

在 AutoCAD 中，用户不仅可以利用上面介绍的各类基本实体工具进行简单实体模型的创建，还可以利用二维图形生成三维实体，即利用本节所介绍的扫描特征工具进行更为复杂的实体模型以及曲面的创建。此类工具可以将二维轮廓线沿指定的引导线运动扫描创建出相应的三维实体。

9.4.1　拉伸实体

该工具可以将二维图形沿其所在平面的法线方向进行扫描，从而创建出三维实体。其中，该二维图形可以是多段线、多边形、矩形、圆或椭圆等。能够被拉伸的二维图形必须是封闭的，且图形对象连接成一个图形框，而拉伸路径可以是封闭或不封闭的。创建拉伸实体的方法主要有以下 3 种。

1. 指定高度拉伸

该方法是最常用的拉伸实体方法，用户只需选取封闭且首尾相连的二维图形并设置拉伸高度即可。

在【建模】选项板中单击【拉伸】按钮，然后选取封闭的二维多段线或面域，并按 Enter 键。接着输入拉伸高度，即可创建相应的拉伸实体特征，效果如图 9-23所示。

2. 指定路径拉伸

该方法通过指定路径曲线，将轮廓曲线沿该路径曲线进行拉伸以生成相应的实体。其中路径曲线既不能与轮廓共面，也不能具有高曲率。

选择【拉伸】工具后，选取轮廓对象或面域，然后按 Enter 键，并在命令行中输入字母 P。接着指定路径曲线，即可创建相应的拉伸实体特征，效果如图 9-24 所示。

图 9-23　输入高度创建拉伸实体

3. 指定倾斜角拉伸

如果拉伸的实体需要倾斜一个角度，用户可以在选取拉伸对象后输入字母 T。然后在命令行中输入角度值并指定拉伸高度，即可创建倾斜拉伸实体特征，效果如图 9-25 所示。

图 9-24　指定路径创建拉伸实体

图 9-25　创建倾斜拉伸实体

> **提　示**
>
> 　　当指定拉伸角度时，该角度的取值范围为-90°～90°，正值表示从基准对象逐渐变细，负值则表示从基准对象逐渐变粗。默认情况下角度为 0°，表示在与二维对象所在平面的垂直方向上进行拉伸。

9.4.2　旋转实体

　　旋转实体是将二维对象绕用户所指定的旋转轴线旋转一定的角度而创建的实体模型，例如带轮、法兰盘和轴类等具有回旋特征的零件。其中，该二维对象不能是包含在块中的对象、有交叉或横断部分的多段线以及非闭合多段线。

　　单击【旋转】按钮，选取二维轮廓对象，并按 Enter 键。此时系统提供了两种方法将二维对象旋转成实体：一种是围绕当前 UCS 的旋转轴旋转一定角度来创建实体，另一种是围绕直线、多段线或两个指定的点旋转对象创建实体。图 9-26 所示即是围绕指定的直线旋转所创建的实体。

图 9-26　围绕指定直线旋转创建实体

9.4.3　放样实体

　　放样实体是指将两个或两个以上横截面沿指定的路径或导向运动扫描所获得的三维实体。其中横截面是指具有放样实体截面特征的二维对象。

　　单击【放样】按钮，然后依次选取所有横截面，并按 Enter 键，此时命令行将显示"输入选项 [导向(G)/路径(P)/仅横截面(C)/设置(S)] <仅横截面>:"的提示信息，以下分别介绍这 3 种放样方式的操作方法。

1．指定导向放样

导向曲线是控制放样实体或曲面形状的一种方式。用户可以通过使用导向曲线来控制点如何匹配相应的横截面，以防止出现不希望看到的效果（例如结果实体或曲面中的皱褶）。

选择【放样】工具后，依次选取横截面，并在命令行中输入字母 G，按 Enter 键。然后依次选取导向曲线，按 Enter 键即可创建相应的放样实体特征，效果如图 9-27 所示。

能够作为导向曲线的曲线必须具备 3 个条件：曲线必须与每个横截面相交，并且曲线必须始于第一个横截面，止于最后一个横截面。

图 9-27　指定导向曲线创建放样实体

2．指定路径放样

该方式是通过指定放样操作的路径来控制放样实体的形状的。通常情况下，路径曲线始于第一个横截面所在的平面，并且止于最后一个横截面所在的平面。

选择【放样】工具后，依次选取横截面，并在命令行中输入字母 P，按 Enter 键。然后选取路径曲线并按 Enter 键，即可创建相应的放样实体特征，效果如图 9-28 所示。

图 9-28　创建放样实体

其中，路径曲线包括直线、圆弧、椭圆弧、样条曲线、螺旋、圆、椭圆、二维多段线和三维多段线。需要注意的是：路径曲线必须与所有横截面相交。

3．指定仅横截面放样

该方法是指仅指定一系列横截面来创建新的实体。利用该方法可以指定多个参数来限制实体的形状，其中包括设置直纹、法向指向和拔模斜度等曲面参数。

选择【放样】工具后，依次选取横截面并按 Enter 键。然后输入字母 S，并按 Enter 键，系统将打开【放样设置】对话框，如图 9-29 所示。该对话框中各选项的含义如下所述。

- ❏ **直纹**　选择该单选按钮时，创建的实体或曲面在横截面之间将是直纹（直的），并且在横截面处具有鲜明边界。

- ❏ **平滑拟合**　选择该单选按钮时，创建的实体或曲面在横截面之间将是平滑的，并且在起点和终点横截面处具有鲜明边界。

- ❏ **法线指向**　选择该单选按钮，用户可以控制创建的实体

图 9-29　【放样设置】对话框

或曲面在其通过横截面处的曲面法线指向。这3种不同的截面属性设置所创建的放样实体的对比效果如图 9-30 所示。

- ❏ **拔模斜度**　选择该单选按钮，用户可以控制放样实体或曲面的第一个和最后一个横截面的拔模斜度和幅值。图 9-31 所示就是分别设置拔模斜度为 0°、90° 和 180° 的实体效果。

图 9-30　控制放样形状

> **注意**
>
> 放样时使用的曲线必须全部开放或全部闭合，即选取的曲线不能既包含开放曲线又包含闭合曲线。

图 9-31　设置拔模斜度

9.4.4　扫掠实体

扫掠操作是指通过沿开放或闭合的二维或三维路径曲线扫掠开放或闭合的平面曲线来创建曲面或实体。其中扫掠对象可以是直线、圆、圆弧、多段线、样条曲线和面域等。

单击【扫掠】按钮🗔，选取待扫掠的二维对象，并按 Enter 键。此时命令行将显示"选择扫掠路径或 [对齐(A)/基点(B)/比例(S)/扭曲(T)]:"的提示信息。此时用户如果直接选取扫掠的路径曲线，即可生成相应的扫掠实体特征，效果如图 9-32 所示。该提示信息中各选项的含义介绍如下。

- ❏ **对齐**

选取二维对象后，在命令行中输入字母 A，即可指定是否对齐轮廓以使其作为扫掠路径切向的法向。默认情况下轮廓是对齐的，如果轮廓曲线不垂直于路径曲线起点的切向，则轮廓曲线将自动对齐。出现对齐提示时可以输入命令 N，以避免该情况的发生。

- ❏ **基点**

选取二维对象后，在命令行中输入字母 B，即可指定要扫掠对象的基点。如果指定的点不在选定对象所在的平面上，则该点将被投影到该平面上。

- ❏ **比例**

选取二维对象后，在命令行中输入字母 S，即可指定比例因子以进行扫掠操作。从扫掠

图 9-32　创建扫掠实体

路径的开始到结束，比例因子将统一应用到扫掠的对象。如果按照命令行提示输入字母 R，即可通过选取点或输入值来根据参照的长度缩放选定的对象。

❑ **扭曲**

选取二维对象后，在命令行中输入字母 T，即可设置被扫掠对象的扭曲角度。其中，扭曲角度是指沿扫掠路径全部长度的旋转量，而倾斜是指被扫掠的曲线是否沿三维扫掠路径自然倾斜。图 9-33 所示就是输入扭曲角度为120º 所创建的扫掠实体效果。

图 9-33 扭曲扫掠效果

> **注 意**
>
> 扫掠命令用于沿指定路径以指定形状的轮廓（扫掠对象）创建实体或曲面特征。扫掠对象可以是多个，但是这些对象必须位于同一平面中。

9.5 课堂实例 9-1：创建法兰支撑架模型

本例创建一法兰支架模型，效果如图 9-34 所示。该支架主要用于管道与管道之间的连接。其主要结构由"十"字型支撑板、底座以及相应的安装孔组成。其中支撑板对所连接的管路起支撑作用；底座的上下端连接法兰对整体零件起定位作用；底座中空，与管路配合起支撑作用；安装孔起到定位和固定管路的作用。

创建该法兰支架模型时，首先绘制法兰一端的轮廓，利用【拉伸】工具创建一侧法兰盘实体，并镜像获得另一侧法兰盘实体。然后利用【差集】工具创建管孔和各安装孔特征。接着利用【矩形】、【直线】、【圆】和【修剪】工具绘制支撑板轮廓，并利用【移动】和【拉伸】工具创建支撑板实体。最后利用【并集】工具将所有实体合并。

图 9-34 法兰支架模型效果

 操作步骤

① 切换当前视图样式为【俯视】，利用【直线】、【圆】和【圆角】工具绘制如图 9-35 所示的法兰盘轮廓线。然后单击【面域】按钮◎，框选所有图形创建面域。接着切换视觉样式为【概念】，观察创建的面域效果。

② 切换视觉样式为【二维线框】，并切换当前视图样式为【西南等轴测】。然后单击【拉伸】按钮⬧，选取矩形和 4 个小圆轮廓线为对象，沿 Z 轴方向拉伸高度为 12。继续利用【拉伸】工具选取两个大圆轮廓线为对象，沿 Z 轴拉伸高度为 168，创建拉伸实体，效果如图 9-36所示。

③ 切换视觉样式为【二维线框】，单击【差集】按钮◎，选取法兰板实体为源对象，并选取内部的 4 个小圆柱体为要去除的对象进行差集操作，效果如图 9-37 所示。

④ 单击【复制】按钮🔲，选取底板实体为要复制的对象，并指定底板圆心为基点。然后输入相对坐标（@0，0，156）确定目标点，复制底板实体，效果如图 9-38 所示。

图 9-35 绘制法兰盘轮廓线并创建为面域

图 9-36 创建拉伸实体

图 9-37 实体求差效果

图 9-38 复制法兰板

⑤ 单击【并集】按钮🔘，选取两个底板和半径为 R42 的圆柱体为对象进行合并操作。然后利用【差集】工具选取合并后的实体为源对象，半径为 R36 的圆柱体为要去除的对象进行差集操作，效果如图 9-39 所示。

⑥ 切换视觉样式为【二维线框】，单击【UCS】按钮🔲，将当前坐标系的原点调整至底面中心点位置。然后利用【直线】工具连接上下圆柱体的圆心，绘制一条辅助线，效果如图9-40 所示。

图 9-39 合并实体并进行差集操作

图 9-40 调整坐标系并绘制辅助线

⑦ 继续利用【直线】工具选取辅助线中点为起点，沿 X 轴方向绘制一条长度为 154 的直线。然后切换视图样式为【前视】，利用【矩形】工具绘制如图 9-41 所示尺寸的矩形。

⑧ 切换视图样式为【西北等轴测】。然后单击【移动】按钮 ✛，选取矩形轮廓线为要移动的对象，并指定任意点为基点。接着输入坐标（0，0，−87）确定目标点，将对象沿−Z 轴方向移动，效果如图 9-42 所示。

图 9-41　绘制直线和矩形

图 9-42　移动矩形

⑨ 利用【拉伸】工具选取该矩形为拉伸对象，并输入沿 Z 轴方向的拉伸长度为 174，创建拉伸实体，效果如图 9-43 所示。

⑩ 切换视图样式为【右视】。然后利用【圆】和【矩形】工具绘制如图 9-44 所示尺寸的图形。接着切换视图样式为【东北等轴测】，利用【拉伸】工具将该矩形沿−Z 轴方向拉伸 6。继续利用【拉伸】工具将这 4 个圆沿−Z 轴方向拉伸 18，创建拉伸实体。

图 9-43　创建拉伸实体

图 9-44　绘制轮廓线并创建拉伸实体

⑪ 利用【差集】工具选取大矩形实体为源对象，并选取上步创建的长方体为要去除对象进行差集操作。继续利用【差集】工具选取大矩形实体为源对象，并选取上步创建的 4 个圆柱体为要去除对象进行差集操作，效果如图 9-45 所示。

⑫ 切换视觉样式为【二维线框】，利用【圆】工具选取竖直辅助轮廓线和水平辅助轮廓线的交点 A 为圆心，绘制半径为 R42 的圆。然后启用【对象捕捉】功能，并设置捕捉类型分别为中点和切点。接着利用【直线】和【修剪】工具绘制支撑板轮廓线，效果如图 9-46 所示。

图 9-45　创建孔、槽特征

图 9-46　绘制支撑板轮廓

⑬ 利用【面域】工具选取该轮廓线，创建面域。然后利用【移动】工具选取该面域为要移动的对象，并指定任意点为基点。接着输入相对坐标（@0，0，-6）确定目标点，将对象沿-Z 轴方向移动。最后利用【拉伸】工具将该面域沿 Z 轴方向拉伸 12，效果如图 9-47 所示。

⑭ 切换视图样式为【仰视】，利用【直线】工具绘制如图 9-48 所示的矩形轮廓线。然后利用【面域】工具选取该矩形，创建面域。

图 9-47　创建拉伸实体

图 9-48　绘制矩形并创建面域

⑮ 切换视图样式为【东北等轴测】，利用【拉伸】工具将该矩形面域沿 Z 轴方向拉伸 72，创建拉伸实体。然后利用【并集】工具将所有实体合并，效果如图 9-49 所示。

9.6　课堂实例9-2：创建支耳模型

图 9-49　创建拉伸实体并合并

本例创建一支耳模型，效果如图 9-50 所示。该实体结构底板加工 4 个均匀的台阶孔，用于通过螺栓定位该底板，而底板的两个对称小光孔用来插入定位销或其他对象。在底板中间突出的台阶和孔特征用来定位轴机构。

创建该支耳实体时，首先利用【直线】和【圆】工具绘制底面轮廓，并利用【拉伸】和【差集】工具创建底座实体。然后绘制支耳轮廓，并通过拉伸操作创建为支耳实体。接着利用【三维镜像】工具创建镜像支耳实体即可。

图 9-50　支耳实体效果图

操作步骤

① 切换当前视图方式为【俯视】，单击【直线】按钮和【圆】按钮，绘制支耳底座的轮廓线，效果如图 9-51 所示。

② 单击【面域】按钮，框选如图 9-52 所示的底座轮廓对象创建为面域特征。然后切换视觉样式为【概念】，观察创建后的面域效果。

图 9-51　绘制底座轮廓线

图 9-52　创建面域特征

③ 切换视觉样式为【三维线框】，并切换当前视图方式为【西南等轴测】。然后单击【拉伸】按钮🔲，选取半径为 $R6.5$ 的 4 个圆轮廓为拉伸对象，沿–Z 轴方向拉伸高度为 5.5，效果如图 9-53 所示。

④ 切换视觉样式为【3D 隐藏】，利用【拉伸】工具选取图 9-54 所示半径分别为 $R4.5$ 和 $R5$ 的圆轮廓为拉伸对象，沿–Z 轴方向拉伸高度为 17。

图 9-53　创建拉伸实体

图 9-54　创建拉伸实体

⑤ 利用【拉伸】工具选取底座面域特征为拉伸对象，沿–Z 轴方向拉伸长度为 17，效果如图 9-55 所示。

⑥ 继续利用【拉伸】工具选取半径为 $R13.5$ 和半径为 $R21.5$ 的圆轮廓为拉伸对象，沿–Z 轴方向拉伸高度为 42.5，效果如图 9-56 所示。

图 9-55　创建拉伸实体

图 9-56　创建拉伸实体

⑦ 单击【移动】按钮✥，选取上步创建的拉伸实体为移动对象，指定图 9-57 所示圆柱

体的上表面圆心 A 为基点，并输入相对坐标（@0，0，5）确定目标点，进行移动操作。

⑧ 单击【并集】按钮◎，选取底座实体和底面半径为 R21.5 的圆柱体实体为合并对象进行并集操作，效果如图 9-58 所示。

图 9-57　移动实体　　　　　　　　　　　　图 9-58　合并实体

⑨ 继续利用【并集】工具选取半径为 R4.5 和 R6.5 的所有圆柱体实体为合并对象进行并集操作，效果如图 9-59 所示。

⑩ 单击【差集】按钮◎，选取外部实体为源对象，并选取如图 9-60 所示的内部圆柱体为要去除的对象进行差集操作。

图 9-59　合并实体　　　　　　　　　　　　图 9-60　实体求差

⑪ 单击【UCS】按钮⊾，将当前坐标系的原点调整至如图 9-61 所示位置。然后单击【Y】按钮⊾，指定当前坐标系绕 Y 轴的旋转角度为 90°，按 Enter 键。

⑫ 切换当前视图方式为【左视】，利用【直线】和【圆】工具绘制如图 9-62 所示尺寸的轮廓。然后利用【面域】工具将该轮廓创建为面域特征。

图 9-61　调整并旋转坐标系　　　　　　　　图 9-62　绘制图形并创建面域特征

⑬ 单击【移动】按钮✛，选取上步创建的面域特征为移动对象，并指定点 B 为基点，输入相对坐标(@0，0，11)确定目标点 C，进行移动操作。然后利用【拉伸】工具选取移动后的面域特征为拉伸对象，沿–Z 轴拉伸长度为 27.5，效果如图 9-63 所示。

⑭ 利用【差集】工具选取图 9-64 所示支耳外部实体为源对象，并选取内部圆柱体为要去除的对象进行差集操作。

图 9-63　拉伸实体　　　　　　　　　　　　　图 9-64　实体求差

⑮ 利用【UCS】工具将当前坐标系的原点调整至如图 9-65 所示边的中点位置。然后单击【三维镜像】按钮%，选取进行差集操作后的拉伸实体为镜像对象，并指定 YZ 平面为镜像中心面，进行镜像操作。

⑯ 利用【并集】工具框选所有实体为合并对象进行并集操作，效果如图 9-66 所示。

图 9-65　镜像实体　　　　　　　　　　　　　图 9-66　合并实体

9.7　扩展练习：创建法兰轴模型

　　本练习创建法兰轴零件的实体模型，如图 9-67 所示。法兰轴在机械传动中主要用于传递扭矩较大的场合。该轴左端的法兰用于与直径较大的齿轮或其他零件连接，右端的半圆形键槽以及中心的螺纹孔用于与传动齿轮连接，以起到传递较大的扭矩，对齿轮进行轴向定位的作用；轴身内部通孔的主要作用是减少零件的重量，从而达到拆卸方便、降低成本的要求。

图 9-67　法兰轴模型

创建该实体模型时，可以先利用【多段线】和【旋转】工具创建出轴体，并利用【圆】、【阵列】、【拉伸】以及【差集】等工具，创建法兰处圆孔和键槽特征。然后将所创建的轴体隐藏，并利用【多段线】和【旋转】工具创建内部特征，最后开启外部轴体图层的显示，并利用【差集】工具创建出中心轴孔以及螺纹特征，即可完成该法兰轴实体的创建。

9.8 扩展练习：创建密封盖模型

本练习创建密封盖实体模型，效果如图 9-68 所示。该零件主要用于压力容器设备中，起到密封防止压力泄漏等作用。从该零件的结构特征来看，在端盖的最大圆周位置均匀分布 6 个沉头孔，这是为了通过螺栓将端盖固定在压力容器设备上；上端两个提耳是为安装吊钩将其调入指定位置而设置的。此外，端盖最上方的圆孔是为了在必要时打开压力容器释放压力而设置的。

图 9-68 压力容器端盖效果

分析该密封盖零件，可以将其分为由 6 个均布沉头螺栓孔的圆形连接法兰、上部起密封、吊装作用和安装外部管道的球形盖体、三角形支耳以及盖体中部的孔特征组成。在创建该零件的实体模型时，依次创建出底部法兰、球形盖体和盖体中部的连接孔以及分布于盖体两侧的支耳特征，即可完成该密封盖实体模型的创建。

第 **10** 章

编辑三维图形

不管是通过基本实体工具，还是拉伸截面创建的实体，它们都只是零件的初始框架。为了准确、有效地创建出更加复杂的三维实体，用户可以利用三维编辑工具对实体进行移动、阵列、镜像和旋转等操作。此外，用户还可以对相关的实体对象进行边、面和体的编辑操作以及布尔运算，从而创建出符合设计意图的三维实体。

本章主要介绍实体间的布尔运算和相关的三维操作方法。此外，还详细介绍了编辑实体的边、面和体的方法。

本章学习目的：
➤ 掌握布尔运算的操作方法
➤ 掌握相关三维操作的方法和技巧
➤ 掌握编辑三维实体边和面的方法
➤ 掌握编辑三维实体的相关方法

10.1 布尔运算

布尔运算包括并集、差集和交集 3 种运算方式，它贯穿整个建模过程。该类运算主要用于确定建模过程中多个实体之间的组合关系，以实现一些特殊的造型。例如孔、槽、凸台和轮齿等特征都是通过布尔运算来实现的。在创建三维实体时熟练掌握并运用相应的布尔运算方式，将使创建模型过程更加方便快捷。

10.1.1 并集运算

由两个或两个以上的基本实体叠加而得到的组合体即为叠加式组合体。创建该类组合体可以通过并集操作将两个或两个以上的实体组合为一个新的组合对象，类似于数学中的加法运算。

执行并集操作后，原来各个实体相互重合的部分变为一体，成为无重合的实体。

在【常用】选项卡的【实体编辑】选项板中单击【并集】按钮⑩，然后直接框选所有要合并的对象，并按 Enter 键，即可执行合并操作。图 10-1 所示就是将两部分实体合并为一个整体的效果。

在执行并集操作时，选取的各个对象可以不分先后顺序，只需要将要合并的所有对象都选中即可完成合并操作。

图 10-1　并集运算

注 意

此外，在执行并集运算时所选择的实体可以是不接触或不重叠的。这一类的实体并集运算的结果是生成一个组合实体，但其显示效果看起来还是多个实体。

10.1.2　差集运算

差集操作是指将一个对象减去另一个对象形成新的组合对象，它类似于数学中的减法运算。其中，首先选取的对象为被剪切的对象，后选取的对象为要去除的对象。

在【实体编辑】选项板中单击【差集】按钮⑩，然后选取源对象并单击鼠标右键，接着选取要去除的对象并单击鼠标右键，即可完成实体差集运算，效果如图 10-2 所示。

图 10-2　差集运算

10.1.3　交集运算

交集操作是指求得两个对象的公共部分，而去除其余部分，从而形成一个新的组合对象。在执行该运算时，选取进行交集的各个对象不分先后顺序。

在【实体编辑】选项板中单击【交集】按钮⑩，然后依次选取要求交的两个实体，并单击鼠标右键即可完成交集运算，效果如图 10-3 所示。

图 10-3　交集运算

10.2　三维操作

与二维空间中的编辑命令一样，在三维空间中同样可以对三维物体执行移动、阵列、镜像和旋转等编辑操作。灵活使用这些编辑工具能够快速地创建复杂的实体模型。

10.2.1　三维移动

在三维建模环境中，利用【三维移动】工具能够将指定的模型沿 X、Y、Z 轴或其他任意方向，以及沿轴线、面或任意两点间移动，从而准确地定位模型在三维空间中的位置。

在【修改】选项板中单击【三维移动】按钮，选取要移动的对象，该对象上将显示如图 10-4 所示的三维移动图标。然后通过选择该图标的基点和轴句柄，即可实现不同的移动效果，现分别介绍如下。

图 10-4　显示三维移动图标

1．指定距离数值移动对象

指定移动基点后，用户可以通过直接输入移动距离来移动对象。如图 10-5 所示，要将圆柱体沿 Y 轴负方向移动 10，在指定图标原点为基点后，输入相对坐标（@0，–10，0），并按 Enter 键，即可移动该圆柱体。

2．指定轴向移动对象

选取要移动的对象后，将光标停留在坐标系的轴句柄上，直到矢量显示为与该轴对齐，然后选择该轴句柄即可将移动方向约束到该轴上。当用户拖动光标时，选定的对象将仅沿指定的轴移动，此时便可以单击鼠标左键或输入值以指定移动距离。图 10-6 所示就是将实体沿 X 轴向移动的效果。

图 10-5　输入距离移动对象　　　　　图 10-6　指定轴向移动对象

3．指定平面移动对象

将光标悬停在两条轴柄直线之间汇合处的平面上（用于确定移动平面），直到直线变为黄色。然后选择该平面,即可将移动约束添加到该平面上。当用户拖动光标时,所选的实体对象将随之移动,此时便可以单击鼠标左键或输入值以指定移动距离,效果如图 10-7 所示。

10.2.2 三维阵列

利用该工具可以在三维空间中按矩形阵列或环形阵列的方式创建指定对象的多个副本。在创建齿轮、齿条等按照一定顺序分布的三维对象时,利用该工具可以快速地进行创建。现分别介绍矩形阵列和环形阵列的使用方法。

图 10-7　指定平面移动对象

1. 矩形阵列

三维矩形阵列与二维矩形阵列操作过程很相似,不同之处在于:用户在指定行列数目和间距之后,还可以指定层数和层间距。

在【修改】选项板中单击【矩形阵列】按钮，并选取要阵列的长方体对象。然后按 Enter 键,系统将展开【阵列创建】选项卡。此时在该选项卡的相应文本框中依次设置列、行和层的相关参数,即可完成该长方体矩形阵列特征的创建,效果如图 10-8 所示。

图 10-8　创建三维矩形阵列

2. 环形阵列

创建三维环形阵列除了需要指定阵列数目和阵列填充角度以外,还需要指定旋转轴的起止点以及对象在阵列后是否绕着阵列中心旋转。

在【修改】选项板中单击【环形阵列】按钮，然后选取要阵列的对象,并按 Enter 键。接着在绘图区中指定阵列的中心点,系统将展开【阵列创建】选项卡。此时在该选项卡的相应文本框中依次设置相关的阵列参数,即可完成环形阵列特征的创建,效果如图 10-9 所示。

图 10-9　创建三维环形阵列

10.2.3　三维镜像

利用该工具能够将三维对象通过镜像平面获取与之完全相同的对象。其中，镜像平面可以是与当前 UCS 的 XY、YZ 或 XZ 平面平行的平面或者由 3 个指定点所定义的任意平面。

单击【三维镜像】按钮 ⌘，即可进入【三维镜像】模式。此时选取待镜像的对象，并按 Enter 键，则在命令行中将显示指定镜像平面的各种方式，常用方式的操作方法介绍如下。

1．指定对象镜像

该方式是指使用选定对象的平面作为镜像平面，包括圆、圆弧或二维多段线等。在命令行中输入字母 O 后选取相应的平面对象，并指定是否删除源对象，即可创建相应的镜像特征，效果如图 10-10 所示。

2．指定视图镜像

该方式是指将镜像平面与当前视口中通过指定点的视图平面对齐。在命令行中输入字母 V 后直接在绘图区中指定一点或输入坐标点，并指定是否删除源对象，即可获得相应的镜像特征。

3．指定 XY、YZ、ZX 平面镜像

该方式是将镜像平面与一个通过指定点的坐标系平面（XY、YZ 或 ZX）对齐，通常与调整 UCS 操作配合使用。

例如将当前 UCS 移动到如图 10-11 所示的

图 10-10　指定对象镜像

图 10-11　指定 XY 平面镜像

节点位置，然后在执行镜像操作时，指定坐标系平面 XY 为镜像平面，并指定该平面上一点，即可获得相应的镜像特征。

4．指定 3 点镜像

该方式是指定 3 点定义镜像平面，并且要求这 3 点不在同一条直线上。如图 10-12 所示，选取镜像对象后，直接在模型上指定 3 点，按 Enter 键，即可获得相应的镜像特征。

图 10-12　指定 3 点镜像

10.2.4　三维旋转

三维旋转操作就是将所选对象沿指定的基点和旋转轴（X 轴、Y 轴和 Z 轴）进行自由旋转。用户利用该工具可以在三维空间中以任意角度旋转指定的对象，以获得模型不同观察方位的效果。

单击【三维旋转】按钮 ⊕，进入【三维旋转】模式。然后选取待旋转的对象，并按 Enter 键，该对象上将显示旋转图标。其中红色圆环代表 X 轴、绿色圆环代表 Y 轴、蓝色圆环代表 Z 轴，效果如图 10-13 所示。

此时指定一点作为旋转基点，并选取相应的旋转图标的圆环以确定旋转轴。且当选取一圆环时，系统将显示对应的轴线为旋转轴。然后拖动光标或输入任意角度，即可执行三维旋转操作，效果如图 10-14 所示。

图 10-13　显示三维旋转图标

10.2.5　三维对齐

用户利用三维对齐工具可以指定至多 3 个点用以定义源平面，并指定至多 3 个点用以定义目标平面，从而获得三维对齐效果。在机械设计中经常利用该工具来移动、旋转或倾斜一对象使其与另一个对象对齐，以获得组件的装配效果。

单击【三维对齐】按钮 ⬛，即可进入【三维对齐】模式。此时选取相应的源对象，并按 Enter 键。然后依次指定源对象上的 3 个点

图 10-14　三维旋转对象

用以确定源平面。接着指定目标对象上与之相对应的 3 个点用以确定目标平面，源对象即可与目标对象根据参照点对齐，效果如图 10-15 所示。

10.3　编辑三维对象

实体都是由最基本的边和面所组成的。在 AutoCAD 中，用户不仅可以根据设计需要提取实体模型上的多个边特征，还可以利用系统提供的各种编辑面的工具，对实体的结构实时进行形状或位置上的调整，直至符合用户的设计要求。

10.3.1　编辑实体边

在 AutoCAD 中，用户可以根据设计的需要提取多个边特征，对其执行着色、压印或复制边等操作，便于查看或创建更为复杂的模型。

1. 着色边

利用该工具可以修改三维对象上单条或多条边的颜色。在创建比较复杂的实体模型时，利用该工具对边进行着色可以更清晰地操作或观察边界线。

在【常用】选项卡的【实体编辑】选项板中单击【着色边】按钮，然后选取需要进行颜色修改的边，并按 Enter 键，系统将打开【选择颜色】对话框。然后在该对话框中选择颜色，单击【确定】按钮，即可完成边颜色的修改，效果如图 10-16 所示。

图 10-15　三维对齐对象

图 10-16　着色边效果

> **提　示**
>
> 用户对实体模型边的颜色进行更改后，只有在线框或消隐模式下才能查看边颜色更改后的变化。

2. 提取边

在三维建模环境中执行提取边操作，可以从三维实体或曲面中提取相应的边线来创建线框。这样可以从任何有利的位置查看模型结构特征，并且自动创建标准的正交和辅助视图，并能轻松生成分解视图。

在【实体编辑】选项板中单击【提取边】按钮，然后选取待提取的三维模型，按 Enter 键，即可执行提取边操作。此时提取后并不能显示提取效果，如果用户要进行查看，可以将对象移出当前位置来显示提取边效果，如图 10-17 所示。

3. 压印边

在创建三维模型后，用户往往需要在模型的表面加入公司标记或产品标记等图形对象，AutoCAD 为该操作专门提供了压印工具，使用该工具能够将对象压印到选定的实体上。为了使压印操作成功，被压印的对象必须与选定对象的一个或多个面相交。

单击【压印】按钮，然后选取被压印的实体，并选取压印对象。此时，用户如果需要保留压印对象，按 Enter 键即可；如果不需要保留压印对象，可在命令行中输入字母 Y，并按 Enter 键即可。图 10-18 所示就是删除压印对象的效果。

图 10-17　提取边效果　　　　　图 10-18　压印边效果

压印时，系统将创建新的表面区域，且该表面区域以被压印几何图形和实体的棱边为边界。用户可以对该新生成的面进行拉伸和复制等操作。例如单击【按住并拖动】按钮，选取该新封闭区域并移动光标，所选区域将动态地显示相应的三维实体。此时在合适位置单击鼠标左键，或直接输入高度值来确定三维实体的高度即可完成实体创建，效果如图 10-19 所示。

 提　示

　　在执行压印操作后，具有压印边或压印面的面以及包含压印边或压印面的相邻面，是不能进行移动、旋转或缩放操作的。如果移动、旋转或缩放了这些对象，可能会遗失压印边或压印面。

4. 复制边

利用该工具能够对三维实体中的任意边进行复制，且可以复制的边为直线、圆弧、圆、椭圆或样条曲线等对象。

单击【复制边】按钮，选取需要进行复制的边，并按 Enter 键。然后依次指定基点和位移点，即可将选取的边线复制到目标点处。图 10-20 所示就是将复制的边从基点 A 移动到基点 B 的效果。

10.3.2　编辑实体面

在创建零件模型时，有时所创建结构特征的位置和大小并不符合设计要求。如果删除重新创建必定会比较麻烦，此时用户就可以利用 AutoCAD 提供的各种编辑实体面的工具对实体的结构形状或位置进行实时的调整，直至模型符合用户的设计要求。

1．移动实体面

当实体上孔或槽的位置不符合设计要求时，用户可以利用【移动面】工具选取孔或槽的表面，将其移动到指定位置，使实体的几何形状发生关联的变形，但其大小和方向并不改变。

在【常用】选项卡的【实体编辑】选项板中单击【移动面】按钮，选取要移动的槽表面，并按 Enter 键。然后依次选取基点和目标点确定移动距离，即可将槽移动至目标点，效果如图 10-21 所示。

2．偏移实体面

如果要改变现有实体上孔或槽的大小，用户可以利用【偏移面】工具进行编辑。利用该工具可以通过直接输入数值或者选取两点来确定偏移距离，之后所选面将根据偏移距离沿法线方向进行移动。当所选面为孔表面时，通过偏移可以放大或缩小孔；当所选面为实体端面时，通过偏移则可以拉伸实体，改变其高度或宽度。

单击【偏移面】按钮，选取槽表面，并按 Enter 键。然后输入偏移值，并按 Enter 键，即可获得偏移面效果。当输入负偏移值时，将放大槽；输入正偏移值时，则缩小槽，效果如图 10-22 所示。

图 10-19　拉伸压印区域创建实体

图 10-20　复制边效果

图 10-21　移动面效果

提　示

移动和偏移是两个既相似又有所区别的概念。移动主要强调位置的改变，不改变被移动面的大小和方向，但可能引起其他面的改变；而偏移主要强调大小的改变。

3. 删除实体面

删除面指从三维实体对象上删除多余的实体面和圆角，从而使几何形状实体产生关联的变化。删除面通常用于对实体倒角或圆角面的删除，删除后的实体回到原来的状态，成为未经倒角或圆角的锐边。

单击【删除面】按钮，进入【删除面】模式。此时选取要删除的面后右击，或按 Enter 键，即可删除该面，效果如图 10-23 所示。

图 10-22　偏移面效果

> **提　示**
>
> 删除面时，AutoCAD 将对删除面以后的实体进行有效性检查。如果选定的面被删除后实体不能成为有效的封闭实体，则删除面操作将不能进行。因此用户只能删除不影响实体有效性的面。

图 10-23　删除面效果

4. 旋转实体面

旋转面指将一个或多个面或者实体的某部分绕指定的轴旋转。当一个面旋转后，与其相交的面会进行自动调整，以适应改变后的实体。

单击【旋转面】按钮，选取要旋转的面，单击鼠标右键或按 Enter 键。然后指定旋转轴，输入旋转角度后按 Enter 键，即可旋转该面，效果如图 10-24 所示。

5. 倾斜实体面

利用【倾斜面】工具可以将实体中的一个或多个面按照指定的角度倾斜。在倾斜面操作中，用户所指定的基点和另外一点确定了面的倾斜方向，面与基点同侧的一端保持不变，而另一端则发生变化。

图 10-24　旋转面效果

单击【倾斜面】按钮，选取实体上要进行倾斜的面，并按 Enter 键。然后依次选取基点和另一点确定倾斜轴，并输入倾斜角度（当角度为正值时向内倾斜，负值时向外倾斜），按 Enter 键，即可完成倾斜面操作，效果如图 10-25 所示。

> **提　示**
>
> 输入倾斜角度时数值不要过大，因为如果角度过大，在倾斜面未达到指定的角度之前可能已经聚为一点，系统不支持这种倾斜。

6．拉伸实体面

如果用户要动态地调整实体的高度或宽度，可以利用【拉伸面】工具根据指定的距离拉伸面或将面沿某条路径拉伸。此外，如果输入拉伸距离，还可以设置拉伸的锥角，使拉伸实体形成锥化效果。

单击【拉伸面】按钮 🔳，选取实体上要拉伸的面，并设置拉伸距离和拉伸的倾斜角度。此时拉伸面将沿其法线方向进行移动，进而改变实体的高度，效果如图 10-26 所示。

图 10-25　倾斜面效果

图 10-26　拉伸实体面效果

7．复制实体面

在创建零件模型时，用户可以不必重新绘制截面，直接将现有实体的表面复制为新对象以用于实体建模。利用【复制面】工具复制出的新对象可以是面域或曲面。且当对象为面域时，用户还可以拉伸该面域创建新的实体。

单击【复制面】按钮 🔳，选取待复制的实体表面，并按 Enter 键。然后依次指定基点和目标点，放置复制出的实体面即可，效果如图 10-27 所示。

图 10-27　复制面效果

10.4　编辑三维实体

在实体建模过程中，用户不仅可以对实体上的边线和单个表面执行编辑操作，还可以对整个实体进行编辑操作，从而在源实体的基础上创建出新的实体效果。例如进行三维倒角和圆角操作，利用抽壳工具创建壳体零件，以及利用剖切工具表达零件的内部结构等。

10.4.1　三维倒角和圆角

在三维环境中执行倒角和圆角操作与二维环境中编辑效果的不同之处在于：这些操作是

在三维实体表面相交处按照指定的距离创建一个新平面。

1．三维倒角

为模型边缘添加倒角特征可以使模型尖锐的棱角变得光滑。该工具主要用于孔特征零件或轴类零件上，防止擦伤或者滑伤安装人员，进而方便安装。

切换至【实体】选项卡，在【实体编辑】选项板中单击【倒角边】按钮，然后在实体模型上选取要倒角的边线，并分别设定基面倒角距离和相邻面的倒角距离。接着按 Enter 键，即可获得相应的倒角特征，效果如图 10-28 所示。

> **提 示**
>
> 此外在指定倒角距离参数后，用户可以在命令行中输入字母 L，表示同时在基面的周围进行倒角操作。

图 10-28　创建实体倒角

2．三维圆角

在三维建模过程中创建圆角特征就是在实体表面相交处按照指定半径创建一个圆弧性曲面。圆角主要用在回转零件的轴肩位置处，以防止轴肩应力集中，在长时间的运转中断裂。

切换至【实体】选项卡，在【实体编辑】选项板中单击【圆角边】按钮，然后选取待倒圆角的边线，并输入圆角半径。接着按 Enter 键，即可创建相应的圆角特征，效果如图 10-29 所示。

10.4.2　抽壳

抽壳是指从实体内部挖去一部分材料，形成内部

图 10-29　创建三维圆角

中空或者凹坑的薄壁实体结构。通过执行抽壳操作，用户可以将实体以指定的厚度形成一个空的薄层。当用户指定正值时从圆周外开始抽壳，指定负值时从圆周内开始抽壳。根据创建方式的不同，抽壳方式主要有以下两种类型。

1．删除面抽壳

该方式是抽壳中最常用的一种方法，主要是通过删除实体的一个或多个表面并设置相应的厚度来创建壳特征。

在【实体编辑】选项板中单击【抽壳】按钮，选取待抽壳的实体，并选取要删除的面。然后按 Enter 键，并输入抽壳偏移距离，即可执行抽壳操作，效果如图 10-30 所示。

2．保留面抽壳

该方法可以在实体中创建一个封闭的壳，使整个实体内部呈中空状态。该方法常用于创

建各球类模型和气垫等空心模型。

选择【抽壳】工具后，选取待抽壳的实体，并按 Enter 键，然后输入抽壳偏移距离，即可创建中空的抽壳效果。为了查看抽壳效果，用户可以利用【剖切】工具将实体剖开，效果如图 10-31 所示。

图 10-30　删除面执行抽壳操作　　　　　　图 10-31　保留面执行抽壳操作

10.4.3　剖切实体

剖切就是使用假想的一个与对象相交的平面或曲面将三维实体切为两半。被切开的实体两部分可以保留一侧，也可以都保留。该工具常用于剖切一些外形看似简单，但内部却极其复杂的零件，如腔体类零件。通过剖切可以更清楚地表达模型内部的形体结构。

单击【剖切】按钮，选取要剖切的实体对象，按 Enter 键。然后指定剖切平面，并根据需要保留切开实体的一侧或两侧，即可完成剖切操作。以下分别介绍几种常用的指定剖切平面的方法。

❑　**指定切面起点**

该方式是默认剖切方式，即用户指定剖切实体的两点，系统将默认两点所在垂直平面为剖切平面，对实体进行剖切操作。

指定要剖切的实体后，按 Enter 键。然后指定两点确定剖切平面，此时命令行将显示"在所需的侧面上指定点或 [保留两个侧面(B)]"的提示信息，用户可以根据设计需要设置是否保留指定侧面或两侧面，并按 Enter 键，即可执行剖切操作，效果如图 10-32 所示。

图 10-32　指定切面起点剖切对象

❑　**平面对象**

该剖切方式是利用曲线、圆、椭圆、圆弧或椭圆弧、二维样条曲线和二维多段线作为剖切平面对所选实体进行剖切。

选取待剖切的对象之后，在命令行中输入字母 O，并按 Enter 键。然后选取二维曲线为剖切平面，并设置保留方式，即可完成剖切操作。图 10-33 所示为选取一矩形为剖切平面，并设置剖切后的实体只保留一侧的效果。

□ **曲面**

该方式以曲面作为剖切平面。选取待剖切的对象后，在命令行中输入字母 S，按 Enter 键后选取曲面，即可执行剖切操作。图 10-34 所示就是指定相应的曲面为剖切平面后保留一侧的效果。

图 10-33　指定平面对象剖切实体　　　　图 10-34　指定曲面剖切实体

□ **Z 轴**

该方式可以通过指定 Z 轴方向上的两点来剖切实体。选取待剖切的对象后，在命令行中输入字母 Z，按 Enter 键后直接在实体上指定两点，则系统将以这两点连线的法向面作为剖切平面执行剖切操作。图 10-35 所示就是输入字母 Z 后，指定两圆心确定剖切平面，保留一侧剖切实体的效果。

□ **视图**

该方式是以实体所在的视图为剖切平面。选取待剖切的对象之后，在命令行中输入字母 V，然后按 Enter 键并指定一点作为视图平面上的点，即可执行剖切操作。图 10-36 所示就是当前视图为西北等轴测，并指定实体边上的中点作为视图平面上的点的剖切效果。

图 10-35　指定 Z 轴两点剖切实体

□ **XY、YZ、ZX**

该方式是利用坐标系 XY、YZ、ZX 平面作为剖切平面。选取待剖切的对象后，在命令行中指定坐标系平面，按 Enter 键后指定该平面上一点，即可执行剖切操作。图 10-37 所示就是指定 XY 平面为剖切平面，并指定当前坐标系原点为该平面上一点创建的剖切实体效果。

□ **三点**

该方式是在绘图区中选取 3 点，利用这 3 个点组成的平面作为剖切平面。选取待剖切的对象之后，在命令行输入数字 3，按 Enter 键后直接在

图 10-36　按视图方式剖切实体

实体上选取 3 个点，系统将自动根据这 3 个点组成的平面执行剖切操作。图 10-38 所示就是依次指定点 A、点 B 和点 C 而生成的剖切效果。

图 10-37　指定坐标平面剖切实体

图 10-38　选取 3 点剖切实体

10.5　课堂实例 10-1：创建泵体模型

本例创建一泵体模型，效果如图 10-39 所示。该泵体主要用于液压传动的动力设备中。该零件主要由泵体底座、泵壳主体、左侧的直通型连接管道以及右侧的弧形弯曲管道组成。

其中，泵体底座的圆形法兰用于固定泵壳主体，泵体上部的圆角菱形法兰用于连接回油管道，安装孔则用于固定端盖。为表现泵体内部结构特征，对泵体模型进行了旋转剖切。

创建该泵体模型时，首先绘制底座法兰轮廓，并利用【拉伸】和【差集】工具创建拉伸实体。然后利用【直线】和【圆】工具绘制泵体轮廓，并利用【拉伸】和【球体】工具创建泵壳主体。接着利用【旋转】工具创建左侧连接管道，并利用【扫掠】工具创建右侧弧形弯曲管道。最后利用【剖切】工具剖切模型，并利用【并集】工具将所有实体合并。

图 10-39　泵体模型效果

操作步骤

① 切换视图样式为【俯视】，利用【圆】工具选取坐标原点为圆心，绘制如图 10-40 所示尺寸的各个圆。继续利用【圆】工具绘制泵体底座孔轮廓线。

② 切换视图样式为【西南等轴测】。然后单击【拉伸】按钮，选取半径为 R37 和 4 个半径均为 R4 的圆为拉伸对象，沿 Z 轴方向拉伸高度

图 10-40　绘制底座轮廓线

为 10。继续利用【拉伸】工具选取半径分别为 R16 和 R22 的圆为拉伸对象，沿 Z 轴方向拉伸高度为 50，创建拉伸实体，效果如图 10-41 所示。

③ 单击【并集】按钮，选取半径分别为 R22 和 R37 的圆柱体进行并集操作。然后单击【差集】按钮，选取合并后的实体为源对象，并选取半径为 R16 和 4 个半径均为 R4 的圆柱体为要去除的对象进行差集操作，效果如图 10-42 所示。

④ 切换视觉样式为【二维线框】，利用【直线】工具选取原点为起点，绘制沿 X 轴和 Z 轴的中心线。然后切换视图样式为【前视】，利用【偏移】和【圆】工具绘制泵体各圆轮廓。接着选取底座实体，并选择【工具】|【隔离】|【隐藏对象】选项，将底座隐藏，效果如图 10-43 所示。

图 10-41　创建拉伸实体

⑤ 切换视图样式为【西南等轴测】，利用【拉伸】工具选取半径为 R32 的圆轮廓线为拉伸对象，沿-Z 轴拉伸长度为 54，创建拉伸实体。继续利用【拉伸】工具选取半径为 R26 的圆轮廓线为拉伸对象，沿-Z 轴拉伸长度为 48，创建拉伸实体，效果如图 10-44 所示。

⑥ 利用【拉伸】工具选取半径分别为 R3 和 R7 的圆轮廓线为拉伸对象，沿-Z 轴拉伸长度为 15，创建拉伸实体。然后单击【球体】按钮，选取这 3 个圆柱体的后端面圆心为球心，创建三个半径均为 R7 的球体，效果如图 10-45 所示。

图 10-42　合并实体并求差

图 10-43　绘制中心线和轮廓线

图 10-44　创建拉伸实体

⑦ 单击【移动】按钮，选取所有实体为移动对象。然后指定任意一点为基点，输入相对坐标（@0，0，27），将对象沿 Z 轴移动。接着单击【UCS，世界】按钮，将当前坐标系恢复至世界坐标系，效果如图 10-46 所示。

⑧ 单击【UCS】按钮，将当前坐标系的原点调整至如图 10-47 所示的位置。然后单击

【圆柱体】按钮🗔，选取原点为圆柱底面中心，并输入底面半径为 *R*16，沿 Z 轴高度为 50，创建圆柱体。

图 10-45　创建拉伸实体和球体

图 10-46　移动实体并恢复世界坐标系

⑨ 利用【并集】工具选取半径为 *R*32 的圆柱体、3 个半径为 *R*7 的圆柱体和 3 个球体进行并集操作。然后选择【工具】|【隔离】|【结束对象隔离】选项，将底座显示出来。继续利用【并集】工具选取底座实体和合并后的实体进行并集操作，效果如图 10-48 所示。

⑩ 利用【差集】工具选取外部实体为源对象，并选取半径为 *R*26 的圆柱体和第（8）步创建的圆柱体为要去除的对象，创建孔特征。继续利用【差集】工具选取外部实体为源对象，并选取 3 个半径为 *R*3 的圆柱体为要去除的对象，创建孔特征，效果如图 10-49 所示。

图 10-47　调整坐标系并创建圆柱体

图 10-48　合并实体

图 10-49　创建孔特征

⑪ 切换视图样式为【前视】，利用【直线】和【倒角】工具在图中适当位置，绘制如图 10-50 所示的截面。然后利用【面域】工具框选所有图形，创建一个面域。

⑫ 单击【旋转】按钮🗔，选取该面域为旋转对象，并依次指定该面域底部两个端点为旋转基点。然后输入旋转角度为 360º，创建旋转实体。接着利用【偏移】工具将主视图的竖直中心线向左偏移 68，效果如图 10-51 所示。

⑬ 切换视图样式为【西南等轴测】。然后单击【Y】按钮，并指定绕 Y 轴的旋转角度为 90°，按 Enter 键。接着利用【圆柱体】工具选取旋转实体的左端面中心为圆柱底面中心，创建底面半径为 R18，沿 Z 轴高度为 68 的圆柱体，效果如图 10-52 所示。

图 10-50　绘制截面并创建为面域　　　　　图 10-51　创建旋转实体并偏移中心线

⑭ 利用【移动】工具选取旋转实体和上步创建的圆柱体为要移动的对象，指定该圆柱体左端面的圆心为基点。然后指定如图 10-53 所示的中心线交点为目标点，将对象移动。

图 10-52　旋转坐标系并创建圆柱体　　　　图 10-53　移动实体

⑮ 单击【Y】按钮，将当前坐标系绕 Y 轴旋转 90°。然后利用【圆柱体】工具选取半径为 R26 孔的中心为圆柱底面中心，创建底面半径为 R26，沿 Z 轴长度为 48 的圆柱体，效果如图 10-54 所示。

⑯ 利用【并集】工具选取第（13）步创建的圆柱体和上步创建的圆柱体进行并集操作。继续利用【并集】工具选取旋转实体和泵体底座进行并集操作，效果如图 10-55 所示。

图 10-54　旋转坐标系并创建圆柱体　　　　图 10-55　合并实体

[17] 利用【差集】工具选取合并后的外部实体为源对象，并选取合并后的两圆柱体为要去除的对象进行差集操作，效果如图 10-56 所示。

[18] 切换视图样式为【前视】，利用【偏移】工具将水平中心线向上偏移 40。然后利用【多段线】和【圆角】工具绘制如图 10-57 所示的弯管中心线。

[19] 切换视图样式为【俯视】，利用【直线】工具选取上步绘制的多段线与水平中心线的交点为起点，绘制竖直中心线。然后利用【圆】、【直线】和【修剪】工具绘制法兰轮廓线，效果如图 10-58 所示。

[20] 利用【面域】工具框选法兰轮廓线，创建 4 个面域。然后切换视图样式为【西南等轴测】，利用【拉伸】工具选取这 4 个面域为拉伸对象，沿-Z 轴方向拉伸长度为 10，创建拉伸实体，效果如图 10-59 所示。

图 10-56　创建内部孔特征

图 10-57　偏移并绘制中心线　　　　图 10-58　绘制中心线和法兰轮廓线

[21] 利用【差集】工具选取法兰外部实体为源对象，并选取 3 个圆柱体为要去除的对象，创建孔特征，效果如图 10-60 所示。

图 10-59　创建面域和拉伸实体　　　　图 10-60　创建孔特征

[22] 切换视图样式为【前视】，利用【偏移】工具将法兰水平中心线向下偏移 10。然后利用【修剪】工具选取偏移后的水平中心线为修剪边界修剪弯管中心线，并删除偏移后的水平中心线，效果如图 10-61 所示。

[23] 利用【圆】工具选取法兰中心孔的底面中心为圆心，绘制半径分别为 R14 和 R22 的

圆。然后单击【扫掠】按钮，选取这两个圆为要扫掠的对象，并指定修剪后的弯管中心线
为扫掠路径，创建两个扫掠实体，效果如图 10-62 所示。

图 10-61　修剪弯管中心线

图 10-62　绘制圆并创建扫掠实体

(24) 单击【X】按钮，将当前坐标系绕 X 轴旋转 90°。然后利用【圆柱体】工具选取
半径为 R26 孔的中心为圆柱底面中心，创建底面半径为 R26，沿-Z 轴长度为 48 的圆柱体，
效果如图 10-63 所示。

(25) 利用【并集】工具选取上步创建的圆柱体和半径为 R14 的扫掠实体进行并集操作。
继续利用【并集】工具选取泵体、法兰实体和半径为 R22 的扫掠实体进行并集操作，效果如
图 10-64 所示。

图 10-63　旋转坐标系并创建圆柱体

图 10-64　合并实体

(26) 利用【差集】工具选取泵体外部实体为源对象，并选取上步合并后的内部实体为要去
除的对象，创建泵体内部孔特征，效果如图 10-65 所示。

(27) 单击【UCS】按钮，将当前坐标系的原点调整至泵体底座底面圆心位置。然后单击
【剖切】按钮，选取泵体为要剖切的对象，并指定 XY 平面为剖切平面。接着输入坐标（0，
0，0）为 XY 平面上的点，并输入字母 B 保留剖切的两侧实体，效果如图 10-66 所示。

图 10-65　创建泵体内部孔特征

图 10-66　调整坐标系并剖切泵体

28 单击【剖切】按钮，选取如图 10-67 所示的对象为要剖切的对象，并指定 YZ 平面为剖切平面。然后输入坐标（0，0，0）为 YZ 平面上的点，并单击右侧部分为要保留的剖切侧实体。

29 利用【并集】工具框选所剖开的两部分实体，进行合并操作。然后切换视觉样式为【概念】，效果如图 10-68 所示。

图 10-67　剖切实体　　　　　　　　　　　　图 10-68　合并实体

10.6　课堂实例 10-2：创建腔体模型

本例创建一腔体模型，效果如图 10-69 所示。该腔体主要用于管道与管道之间的连接，在管路设备中应用极为广泛。其中，该腔体模型上的法兰起到连接和定位的作用，底座起到连接和支撑的作用。

创建该腔体模型时，首先绘制底座法兰盘轮廓，并利用【拉伸】和【差集】工具创建为拉伸实体。然后创建腔体壳柱体，并利用【剖切】工具剖切该模型，显示其内部结构特征。

图 10-69　腔体实体效果

操作步骤

1 切换视图方式为【俯视】，单击【直线】按钮，绘制边长为 80 的正方形。然后单击【偏移】按钮，将正方形的 4 条边向内分别偏移 10，效果如图 10-70 所示。

2 单击【圆角】按钮，绘制如图 10-71 所示尺寸的 4 个圆角。然后单击【圆】按钮，以各条偏移线段的交点为圆心，依次绘制 4 个直径均为 Φ7 的圆轮廓。

图 10-70　绘制底板轮廓

图 10-71　绘制圆角和圆

③ 单击【面域】按钮◎，框选如图 10-72 所示的图形轮廓创建为面域特征。然后切换视图样式为【概念】，观察创建的面域效果。

④ 切换视图方式为【西南等轴测】，单击【拉伸】按钮◎，选取上步创建的面域特征为拉伸对象，沿 Z 轴方向拉伸高度为 8，效果如图 10-73 所示。

⑤ 单击【差集】按钮◎，选取长方体实体为源对象，并选取 4 个圆柱体实体为要去除的对象进行差集操作，效果如图 10-74 所示。

⑥ 利用【直线】工具在底板的上表面绘制如图 10-75 所示的两条正交辅助线。然后利用【圆】工具以这两条辅助线的交点为圆心，绘制半径分别为 R14 和 R20 的圆轮廓。接着利用【面域】工具将这两个圆轮廓创建为面域特征。

图 10-72　创建面域

图 10-73　创建拉伸实体

图 10-74　实体求差效果

⑦ 利用【拉伸】工具选取上步创建的面域特征为拉伸对象，沿 Z 轴方向拉伸高度为 32，效果如图 10-76 所示。

图 10-75　绘制圆并创建面域

图 10-76　创建拉伸实体

⑧ 利用【差集】工具选取外部半径为 R20 的圆柱体为源对象，并选取内部半径为 R14 的圆柱体为要去除的对象进行差集操作，效果如图 10-77 所示。

⑨ 利用【圆】工具以圆柱体上表面的圆心为圆心，绘制半径分别为 R20 和 R24 的圆轮廓。然后利用【面域】工具将所绘制的圆轮廓创建为面域特征，效果如图 10-78 所示。

图 10-77　实体求差效果　　　　　　　　　　图 10-78　绘制圆并创建面域

⑩　利用【拉伸】工具选取上步创建的面域特征为拉伸对象，沿 Z 轴方向拉伸高度为 62，效果如图 10-79 所示。

⑪　利用【直线】工具依次绘制通过圆柱体底面圆心的两条互相垂直的辅助线，如图 10-80 所示。然后单击【移动】按钮 ✛，选取竖直辅助线为移动对象，指定圆柱体底面圆心为基点，输入相对坐标（@0，–45，0）确定目标点即可。接着按相同的方法移动另一条辅助线。

图 10-79　创建拉伸实体　　　　　　　　　　图 10-80　绘制辅助线

⑫　单击【X】按钮 ⬚，并指定绕 X 轴的旋转角度为 90°，按 Enter 键调整坐标系。然后利用【圆】工具选取移动后的辅助线的交点为圆心，绘制半径分别为 R15 和 R20 的圆轮廓。接着利用【面域】工具将这两个圆轮廓创建为面域特征，效果如图 10-81 所示。

⑬　利用【拉伸】工具选取上步创建的面域特征为拉伸对象，沿–Z 轴方向拉伸长度为 45，效果如图 10-82 所示。

图 10-81　绘制圆并创建面域

⑭　利用【圆】、【直线】和【修剪】工具以辅助线的交点为圆心，绘制如图 10-83 所示尺寸的图形轮廓。然后利用【面域】工具选取所绘制的图形，创建面域特征。

⑮　利用【拉伸】工具选取上步创建的面域特征为拉伸对象，沿–Z 方向拉伸长度为 7，效果如图 10-84 所示。

图 10-82　创建拉伸实体　　　　　图 10-83　绘制法兰轮廓并创建面域

⒃ 利用【差集】工具选取法兰外部实体为源对象，并选取法兰上的两个圆柱体为要去除的对象进行差集操作，效果如图 10-85 所示。

图 10-84　创建拉伸实体　　　　　图 10-85　实体求差效果

⒄ 单击【并集】按钮⊚，选取如图 10-86 所示的两个圆柱实体为合并对象进行并集操作。

⒅ 继续利用【并集】工具选取如图 10-87 所示的两个内部圆柱实体为对象进行合并操作。

图 10-86　合并实体　　　　　　　图 10-87　合并实体

⒆ 利用【差集】工具选取外部实体为源对象，并选取上步合并的内部实体为要去除的对象进行差集操作，效果如图 10-88 所示。

⒇ 单击【X】按钮↳，并指定绕 X 轴的旋转角度为 90°，按 Enter 键调整坐标系。然后利用【圆】和【直线】工具绘制如图 10-89 所示尺寸的圆法兰轮廓。接着利用【面域】工具将所绘制的图形轮廓创建为面域特征。

图 10-88　实体求差效果　　　　　　　图 10-89　绘制轮廓并创建面域

㉑ 利用【拉伸】工具选取上步创建的面域特征为拉伸对象，沿 Z 轴方向拉伸高度为 8，效果如图 10-90 所示。

㉒ 利用【差集】工具选取上步拉伸实体的外部实体为源对象，并选取内部的圆柱体为要去除的对象进行差集操作，效果如图 10-91 所示。

图 10-90　拉伸实体　　　　　　　　　图 10-91　实体求差效果

㉓ 利用【圆】工具以圆法兰的上表面中心点为圆心，绘制如图 10-92 所示尺寸的两个圆轮廓。然后利用【面域】工具将所绘制的圆轮廓创建为面域特征。

㉔ 利用【拉伸】工具选取上步创建的面域特征为拉伸对象，沿 Z 轴方向拉伸高度为 3，效果如图 10-93 所示。

图 10-92　绘制圆并创建面域　　　　　图 10-93　创建拉伸实体

㉕ 利用【差集】工具选取上步拉伸的外部圆柱体为源对象，并选取内部圆柱体为要去除的对象进行差集操作，效果如图 10-94 所示。

26 利用【并集】工具框选全部实体为合并对象进行并集操作，效果如图 10-95 所示。

图 10-94　实体求差效果　　　　　　　　　图 10-95　合并实体

27 单击【原点】按钮 ⎿，将当前坐标系的原点调整至腔体底板上表面的圆心位置。然后单击【剖切】按钮 ⛏，选取腔体为要剖切的对象，并指定 YZ 平面为剖切平面。接着输入坐标（0，0，0），指定该点为 YZ 平面上的点，并输入字母 B，保留剖切的两侧实体，效果如图 10-96 所示。

28 利用【剖切】工具选取如图 10-97 所示的对象为要剖切的对象，并指定 ZX 平面为剖切平面。然后输入坐标（0，0，0），指定该点为 ZX 平面上的点，并单击左侧部分为要保留的剖切侧实体。

图 10-96　剖切实体　　　　　　　　　图 10-97　剖切实体

29 利用【并集】工具框选全部实体为合并对象进行并集操作。然后切换视觉样式为【概念】，观察创建的实体效果，如图 10-98 所示。

图 10-98　合并实体

10.7 扩展练习：创建踏架模型

本练习创建一踏架模型，效果如图 10-99 所示。踏架是叉架类零件，主要起传动、连接和调节的作用。其主要结构由空心圆柱筒和一水平长方形板组成，且中间由弧形的宽、窄两个肋板连接。其中长方形板上有两个沉孔，通过这两个沉孔可以将方形板固定在一端；而轴可以穿过底部的空心圆柱体，并通过凸台上的两个螺纹孔固定轴。

图 10-99 踏架模型效果

创建该踏架模型时，可以首先利用【拉伸】工具创建底部的空心圆柱体和其上的凸台，并利用【旋转】工具将凸台旋转至指定的位置。然后利用【拉伸】工具创建中间的宽肋板，并利用【倾斜面】工具将该肋板两侧面倾斜。最后通过拉伸操作创建方形面板和中间的窄肋板即可。

10.8 扩展练习：创建轴承座模型

本练习创建一轴承座模型，效果如图 10-100 所示。轴承座是用来支撑轴承的构件，它的作用是稳定轴承及其所连接的回转轴，确保轴和轴承内圈平稳回转，避免因承载回转引起的轴承扭动或跳动。该轴承座是典型的端盖类零件。其主要结构包括底板、中间缸体和两侧的支耳和加强肋板。为了表现内部结构，该模型采用了旋转剖切。

图 10-100 轴承座模型效果

创建该轴承座模型时，首先绘制底板截面并创建为面域，面域求差后将其拉伸成实体。然后利用【圆柱体】工具创建底板上的大圆柱体，并创建一旋转实体，将该实体与圆柱体求差。接着利用【拉伸】工具创建一个支耳和肋板，并利用【三维镜像】工具快速创建其他支耳和肋板。最后利用【剖切】工具创建模型的旋转剖切效果，并利用【并集】工具将所有实体合并即可。

第11章

打印输出和发布

当使用 AutoCAD 输出图纸时，用户不仅可以将绘制好的图形通过布局或者模型空间直接打印，还可以将信息传递给其他应用程序。除此之外，用户利用 Internet 网络平台还可以发布、传递图形，进行技术交流或者信息资源共享等。

本章主要介绍视图布局和视口的设置方法以及常用图形的打印输出和格式输出方法。此外还介绍了 DWF 格式文件的发布方法以及将图形发布到 Web 页的方法。

本章学习目的：
- ➤ 掌握创建和管理布局的方法
- ➤ 掌握视口的创建和编辑方法
- ➤ 熟悉创建、编辑和使用打印样式的过程
- ➤ 熟悉创建和查看 dwf 文件的方法
- ➤ 熟悉创建 Web 页和发布图形的技术

11.1 创建和管理布局

每个布局都代表一张单独的打印输出图纸，用户可以根据设计需要创建多个布局以显示不同的视图，并且还可以在布局中创建多个浮动视口。

11.1.1 模型空间和布局空间

模型空间和布局空间是 AutoCAD 的两个工作空间，且通过这两个空间可以设置打印效果，其中通过布局空间的打印方式比较方便快捷。

1．空间概述

在 AutoCAD 中，模型空间主要用于绘制图形的主体模型，而布局空间主要用于打印输出图纸时对图形的排列和编辑。

❏ **模型空间**

模型空间是绘图和设计图纸时最常用的工作空间。在该空间中，用户可以创建物体的视图模型包括二维和三维图形造型。此外用户还可以根据需求添加尺寸标注和注释等来完成所需要的全部绘图工作。

在软件界面底部的状态栏中单击【模型】按钮，系统将自动进入模型工作空间，效果如图 11-1 所示。

❏ **布局空间**

布局空间又称为图纸空间，主要用于图形排列、添加标题栏、明细栏以及起到模拟打印效果的作用。在该空间中，用户通过移动或改变视口的尺寸可以排列视图。另外，该空间可以完全模拟图纸页面，便于在绘图之前或之后安排图形的布局输出。

在软件界面底部的状态栏中单击【布局】按钮，系统将自动进入布局工作空间，效果如图 11-2 所示。

当在【模型】按钮或【布局】按钮上单击右键，并选择【显示布局和模型选项卡】选项，在绘图区左下方将显示【模型】和【布局】选项卡标签。此时，用户通过选择标签即可进行模型和布局空间的切换，效果如图 11-3 所示。

> **提　示**
>
> 当需要切换空间时，用户可以在命令行中输入命令 TILEMODE，并按 Enter 键。此时系统将提示用户输入新值，该选项的值包括 1 和 0。当设置为 1 时，工作空间为模型空间；当设置为 0 时，工作空间为布局空间。

图 11-1　模型空间

图 11-2　布局空间

图 11-3　通过【模型】和【布局】选项卡标签切换空间

2．快速查看布局和图形

使用快速查看工具，用户可以轻松预览打开的图形和对应的模型与布局空间，并可以在两种空间之间任意切换，以及以缩略图形式显示在应用程序窗口的底部。

❑ **快速查看图形**

利用该工具能够将所有当前打开的图形显示为一行快速查看的图形图像，并且以两个级别的结构预览所有打开的图形和图形中的布局。

启用状态栏中的【快速查看图形】功能👁，系统将以图形方式显示所有已打开的图形。当光标悬停在快速查看图形图像上时，即可预览打开图形的模型与布局空间，并在其间进行切换，效果如图11-4所示。

图 11-4　快速查看图形

默认情况下当前图形的图像将亮显。如果将光标悬停在图像上，则该图形的所有模型和布局都将在上方显示为一行图像。如果快速查看图像行超出了应用程序的显示区域，则在该行的左侧或右侧将显示滚动箭头，用户可以滚动查看其他图像。此外还可以按住 Ctrl 键并拨动滚轮动态调整快速查看图像的大小，效果如图11-5所示。

❑ **快速查看布局**

利用该工具能够以图形方式显示当前图形的模型和所有布局空间。同样当前图形的模型空间与布局也将显示为一行快速查看的布局图像。

启用状态栏中的【快速查看布局】功能🖼，即可以图形方式显示当前图形的模型和所有布局空间。当光标悬停在快速查看的图形图像上时，即可执行当前空间的打印和发布设置，效果如图11-6所示。

图 11-5　调整图形大小

3．隐藏布局和模型选项卡

经典界面上提供了【模型】选项卡以及一个或多个【布局】选项卡，用户如果要优化绘图区域中的空间，可以隐藏这些选项卡。

要隐藏这些选项卡，只需将鼠标移至选项卡的标签上并单击右键，在打开的快捷菜单中选择【隐藏布局和模型选项卡】选项即可，效果如图11-7所示。

图 11-6　快速查看布局

另外，在绘图区空白处右击，并在打开的快捷菜单中选择【选项】选项，系统将打开【选项】对话框。此时，用户可以通过在该对话框中禁用【显示布局和模型选项卡】复选框来实现隐藏布局和模型选项卡的效果，如图 11-8 所示。

图 11-7　隐藏布局和模型选项卡

图 11-8　禁用【显示布局和模型选项卡】复选框

提　示

　　执行完隐藏操作后，如需重新显示这些选项卡，可以将鼠标移至状态栏中的【模型】或【图纸】按钮上右击，选择【显示布局和模型选项卡】选项。

11.1.2　创建布局

　　布局空间在图形输出中占有极大的优势和地位。在 AutoCAD 中，系统为用户提供了多种用于创建布局的方式和不同的管理布局的方法。

1．新建布局

　　利用该方式可以直接插入新建的布局。切换至【视图】选项卡的【用户界面】选项板中，利用【显示工具栏】工具调出【布局】工具栏。然后在该工具栏中单击【新建布局】按钮，并在命令行中输入新布局的名称，如"支撑体"，即可创建新的布局。接着单击【支撑体】布局选项卡标签，即可进入该布局空间，效果如图 11-9 所示。

2．使用布局向导创建布局

　　该方式可以对所创建布局的名称、图纸尺寸、打印方向以及布局位置等主要选项进行详细的设置。因此使用该方式创建的布局一般不需要再进行调整和修改即可执行打印输出操作，适合于初学者使用。使用该方式创建布局的具体操作过程介绍如下。

图 11-9　新建布局空间

❏ **指定布局名称**

在命令行中输入 LAYOUTWIZARD 指令，系统将打开【创建布局-开始】对话框。在该对话框中输入布局名称，如图 11-10 所示。

❏ **配置打印机**

单击【下一步】按钮，系统将打开【创建布局-打印机】对话框。根据需要在右边的绘图仪列表框中选择所要配置的打印机，如图 11-11 所示。

图 11-10　输入新布局名称

图 11-11　指定打印机

❏ **指定图纸尺寸和方向**

单击【下一步】按钮，在打开的对话框中选择布局在打印中所使用的纸张、图形单位。图形单位主要有毫米、英寸和像素。继续单击【下一步】按钮，在打开的对话框中可以设置布局的方向，包括【纵向】和【横向】两种方式，如图 11-12 所示。

❏ **指定标题栏**

单击【下一步】按钮，系统将打开如图 11-13 所示的【创建布局-标题栏】对话框，用户可以选择布局在图纸空间所需要的边框或标题栏的样式。此时，从左边的列表框中选择相应的样式，在其右侧将显示预览样式的效果。

图 11-12　指定图纸尺寸

图 11-13　指定标题栏

❏ **定义视口并指定视口位置**

单击【下一步】按钮，在打开的对话框中可以设置新创建布局的相应视口，包括视口设置和视口比例等。其中，用户如果选择【标准三维工程视图】单选按钮，则还需要设置行间距与列间距；如果选择【阵列】单选按钮，则需要设置行数与列数。此外，视口的比例可以从下拉列表中任意选择。定义视口的对话框如图11-14所示。

　　完成上述设置后，单击【下一步】按钮，在打开的【拾取位置】对话框中单击【选择位置】按钮，系统将切换到布局窗口。此时，指定两对角点确定视口的大小和位置，并单击【完成】按钮即可创建新布局，效果如图11-15所示。

图11-14 【创建布局-定义视口】对话框

11.2 页面设置

　　在进行图纸打印时，用户必须对打印页面的打印样式、打印设备、图纸的大小、图纸的打印方向以及打印比例等参数进行设置。

11.2.1 修改页面设置

　　在【布局】工具栏中单击【页面设置管理器】

图11-15 创建新布局效果

按钮，系统将打开【页面设置管理器】对话框，如图11-16所示。在该对话框中用户可以对布局页面进行新建、修改和输入等操作。其中，通过修改页面设置操作可以对现有页面进行详细的修改和设置，如打印机类型、图纸尺寸等，从而达到所需的出图要求。

　　在【页面设置管理器】对话框中单击【修改】按钮，即可在打开的【页面设置】对话框中对该页面进行重新设置，如图11-17所示。该对话框中各主要选项组的功能如表11-1所示。

图11-16 【页面设置管理器】对话框　　　　　图11-17 【页面设置】对话框

表 11-1 【页面设置】对话框各面板功能

选项组	功能
打印机/绘图仪	指定打印机的名称、位置和说明。在【名称】下拉列表框中选择打印机或绘图仪的类型。单击【特性】按钮，在弹出的对话框中查看或修改打印机或绘图仪配置信息
图纸尺寸	可以在该下拉列表中选取所需的图纸，并可以通过对话框中的预览窗口进行预览
打印区域	可以对布局的打印区域进行设置。用户可以在该下拉列表中的 4 个选项中选择打印区域的确定方式：选择【布局】选项，可以对指定图纸界线内的所有图形打印；选择【窗口】选项，可以指定布局中的某个矩形区域为打印区域进行打印；选择【范围】选项，将打印当前图纸中所有图形对象；选择【显示】选项，可以用来设置打印模型空间中的当前视图
打印偏移	用来指定相对于可打印区域左下角的偏移量。在布局中，可打印区域的左下角点由左边距决定。此外，启用【居中打印】复选框，系统可以自动计算偏移值以便居中打印
打印比例	选择标准比例，该值将显示在自定义中。如果需要按打印比例缩放线宽，可以启用【缩放线宽】复选框
图形方向	设置图形在图纸上的放置方向，如果启用【上下颠倒打印】复选框，表示将图形将旋转 180° 打印

11.2.2 新建页面设置

在【页面设置管理器】对话框中单击【新建】按钮，在打开的对话框中输入新页面的名称，并指定基础样式。然后单击【确定】按钮，即可在打开的【页面设置】对话框中对新页面进行详细设置。接着单击【确定】按钮，设置好的新布局页面将显示在【页面设置管理器】对话框中，效果如图 11-18 所示。

图 11-18 新建页面设置

11.2.3 输入页面设置

如想要将其他图形文件的页面设置用于当前图形，用户可以在【页面设置管理器】对话框中单击【输入】按钮，系统将打开如图 11-19 所示的对话框。

在该对话框中选择要输入页面设置方案的图形文件后，单击【打开】按钮，系统将打开【输入页面设置】对话框，如图 11-20 所示。在该对话框中选择希望输入的页面设置方案，并单击【确定】按钮，该页面设置方案即

图 11-19 【从文件选择页面设置】对话框

可显示在【页面设置管理器】对话框中的【页面设置】列表框中，以供用户选择使用。

图 11-20　指定要输入的页面设置

11.3　视口

在创建复杂的二维图形和三维模型时，为了便于同时观察图形的不同部分或三维模型的不同侧面，可以将绘图区域划分为多个视口。这些视口可以相互叠加或分离，用户可以对其进行移动和调整等操作。

11.3.1　新建视口

视口就是视图所在的窗口。在 AutoCAD 中，视口可以分为平铺视口和浮动视口。

1．创建平铺视口

平铺视口是在模型空间中创建的视口，各视口间必须相邻，视口只能为标准的矩形，而且无法调整视口边界。

在【视图】选项卡的【模型视口】选项板中单击【命名】按钮，然后在打开的【视口】对话框中切换至【新建视口】选项卡，即可在该选项卡中设置视口的个数、每个视口中的视图方向以及各视图对应的视觉样式。图 11-21 所示就是创建 4 个相等视口的效果。【新建视口】选项卡中各选项的含义介绍如下。

图 11-21　创建平铺视口

❑ **新名称**　用户在该文本框中可以输入创建当前视口的名称。这样添加的视口有明显的文字标记，方便调用。

❑ **应用于**　该下拉列表中包含【显示】和【当前视口】两个选项，用于指定设置是应用于整个显示窗口还是当前视口。

❑ **设置** 该下拉列表中包括【二维】和【三维】两个选项：选择【三维】选项可以进一步设置主视图、俯视图和轴测图等；选择【二维】选项只能是当前位置。

❑ **修改视图** 用户可在该下拉列表中设置所要修改视图的方向。该列表框的选项与【设置】下拉列表框选项相关。

❑ **视觉样式** 在【预览】中指定相应的视口，即可在该列表框中设置该视口的视觉样式。

2. 创建浮动视口

在布局空间创建的视口为浮动视口。其形状可以是矩形、任意多边形或圆等，且相互之间可以重叠并能同时打印，还可以调整视口边界形状。浮动视口的创建方法与平铺视口相同，在创建浮动视口时，用户只需指定创建浮动视口的区域即可。

❑ **创建矩形浮动视口**

该类浮动视口的区域为矩形。要创建该类浮动视口，用户首先需切换到布局空间，然后在【布局】选项卡中单击【视口，矩形】按钮，并在命令行的提示下设定要创建视口的个数。接着依次指定两个对角点确定视口的区域，并在各个视口中将对象调整至相应的视图方向，即可完成浮动视口的创建，效果如图 11-22 所示。

图 11-22 创建矩形浮动视口

❑ **创建任意多边形浮动视口**

创建该类特殊形状的浮动视口时，用户可以使用一般的绘图方法在布局空间中绘制任意形状的闭合线框作为浮动视口的边界。

在【布局】选项卡的【布局视口】选项板中单击【视口，多边形视口】按钮，然后依次指定多个点绘制一闭合的多边形并按 Enter 键，即可创建相应的浮动视口，效果如图 11-23 所示。

图 11-23 创建多边形浮动视口

❑ **创建对象浮动视口**

用户可以在布局空间中将图纸中绘制的封闭多段线、圆、面域、样条曲线或椭圆等对象设置为视口边界。

在【布局视口】选项板中单击【视口，对象】按钮，然后在图纸中选择封闭曲线对象，即可创建对象浮动视口，效果如图 11-24 所示。

图 11-24 创建对象浮动视口

11.3.2　编辑视口

在模型和布局空间中，视口和一般的图形对象相似，用户可以使用一般图形的绘制和编辑方法分别对各个视口进行相应的调整、合并和旋转等操作。

1．使用夹点调整浮动视口

首先单击视口边界线，此时在视口的外框上出现 4 个夹点，拖动夹点到合适的位置即可调整视口，效果如图 11-25 所示。

图 11-25　拖动夹点调整浮动视口边界

2．合并视口

合并视口只能在模型空间中进行。如果两个相邻的视图需要合并为一个视图，就用到【合并视口】工具。

在【视图】选项卡的【模型视口】选项板中单击【合并视口】按钮，然后依次选取主视口和要合并的视口，此时系统将以第一次选取的视口占据第二次选取的视口，效果如图 11-26 所示。

图 11-26　合并视口

3．缩放视口

如果在布局空间中的浮动视口存在多个视口，用户可以对这些视口中的视图建立统一的缩放比例，以便于对视图大小的调整。

选取一浮动视口的边界并右击鼠标，在打开的快捷菜单中选择【特性】选项。然后在打开的【特性】面板的【标准比例】下拉列表中选择所需的比例。接着对其余的浮动视口执行相同的操作，即可将所有的浮动视口设置为统一的缩放比例，效果如图 11-27 所示。

4．旋转视口

在浮动视口的单个视口中，如果存在多个图形对象，并要对所有的图形对象进行旋转操作，用户可以在命令行中输入指令 MVSETUP，然后即可对所选浮动视口中的所有图形对象进行整体旋转。

在命令行中输入该指令，并根据命令行提示指定【对齐方式】为【旋转视图】，然后依次

图 11-27　设置浮动视口缩放比例

指定旋转基点和旋转角度，即可完成浮动窗口中图形对象的旋转操作，效果如图 11-28 所示。

11.4 打印输出

创建完成的图形对象都需要以图纸的形式打印出来，以便于后期的工艺编排、交流以及审核。一般情况下，用户首先通过在布局空间设置浮动视口来确定图形的最终打印位置，然

图 11-28 旋转浮动视口中的视图

后通过创建打印样式表进行必要的打印设置，最后执行【打印预览】命令查看布局无误，即可执行打印操作。

11.4.1 打印设置

在打印输出图形时，所打印图形线条的宽度根据对象类型的不同而不同。对于所打印的线条属性，用户不但可以在绘图时直接通过图层进行设置，还可以利用打印样式表对线条的颜色、线型、线宽、抖动以及端点样式等特征进行设置。在 AutoCAD 中，打印样式表可以分为颜色和命名打印样式表两种类型。

1. 颜色打印样式表

颜色打印样式表是一种根据对象颜色设置的打印方案。在创建图层时，系统将根据所选颜色的不同自动地为其指定不同的打印样式，如图 11-29 所示。

2. 命名打印样式表

在需要对相同颜色的对象进行不同的打印设置时，用户可以使用命名打印样式表。使用命名打印样式表时，用户可以根据需要创建统一颜色对象的多种命名打印样式，并将其指定给对象。

图 11-29 【图层特性管理器】对话框

在命令行中输入 STYLESMANAGER 指令，并按 Enter 键，即可打开如图 11-30 所示的【打印样式】对话框。在该对话框中，与颜色相关的打印样式表都被保存在以.ctb 为扩展名的文件中；命名打印样式表被保存在以.stb 为扩展名的文件中。

3. 创建打印样式表

当【打印样式】对话框中没有合适的打印样式时，用户可以进行打印样式的设置，创建新的打印样式，使其符合设计的要求。

在【打印样式】对话框中双击【添加打印样式表向导】文件，在打开的对话框中单击【下一步】按钮，系统将打开【添加打印样式表-开始】对话框，效果如图 11-31 所示。然后在该对话框中选择第一个单选按钮，即创建新打印样式表。

单击【下一步】按钮，系统将打开如图 11-32 所示的对话框。该对话框提示选择表格类型，即选择是创建颜色相关打印样式表，还是创建命名相关打印样式表。

图 11-30 【打印样式】对话框

继续单击【下一步】按钮，并在打开的对话框中输入新文件名。然后单击【下一步】按钮，在打开的对话框中单击【打印样式表编辑器】按钮，即可在打开的如图 11-33 所示对话框中设置新打印样式的特性。

设置完成后，用户如果希望将打印样式表另存为其他文件，可以单击【另存为】按钮；如果需要修改后将结果直接保存在当前打印样式表文件中，单击【保存并关闭】按钮返回到【添加打印样式表】对话框，单击【完成】按钮即可创建新的打印样式。

图 11-31 【添加打印样式表】对话框

11.4.2 三维打印

3D 打印功能让设计者通过一个互联网连接来直接输出设计者的 3D AutoCAD 图形到支持 STL 的打印机。借助三维打印机或通过相关服务提供商，用户可以很容易地将生产有形的 3D 模型和物理原型

图 11-32 选择表格类型

连接到需三维打印服务或个人的 3D 打印机，这样设计者可以立即将设计创意变为现实。

在三维建模工作空间中展开【输出】选项卡，并在【三维打印】选项板中单击【发送到三维打印服务】按钮，系统将打开如图 11-34 所示的提示窗口。

图 11-33 【打印样式表编辑器】对话框

图 11-34 【三维打印】窗口

选择【继续】选项，进入到绘图区窗口，且光标位置将显示"选择实体或无间隙网络"的提示信息。此时可以框选三维打印的模型对象，如图 11-35 所示。

选取实体后按 Enter 键，系统将打开【发送到三维打印服务】对话框。在该对话框的【对象】选项组中将显示已选择对象，并在【输出预览】选项组中显示三维打印预览效果，且用户可以放大、缩小、移动和旋转该三维实体，如图 11-36 所示。此外，用户还可以在【输出标注】选项组中进行更详细的三维打印设置。

确认参数设置后单击【确定】按钮，系统将打开【创建 STL 文件】对话框，如图 11-37 所示。此时输入文件名称，并单击【保存】按钮，即可通过互联网连接直接输出该 3D AutoCAD 图形到支持 STL 的打印机。

图 11-35 选择实体

11.4.3 输出图形

打印输出就是将最终设置完成后的图纸布局通过打印的方式输出该图形，或将图纸信息输出到其他程序中，使图纸从计算机中脱离，方便进行零部件加工工艺的辅助加工。

在【输出】选项卡的【打印】选项板中单击【打印】按钮，系统将打开【打印-布局 1】对话框，如图 11-38 所示。该对话框中的内容与【页面设置】对话框中的内容基本相同，其主要选项的功能可以参照表 11-2。

图 11-36 【发送到三维打印服务】对话框

图 11-37　【创建 STL 文件】对话框

图 11-38　【打印－布局 1】对话框

表 11-2　【打印】对话框各选项功能

选项	功能
页面设置	在该选项组中可以选择设置名称和添加页面设置。在【页面设置】选项组【名称】下拉列表框中可以选择打印设置，并能够随时保存、命名和恢复【打印】和【页面设置】对话框中所有的设置。单击【添加】按钮，系统将打开【添加页面设置】对话框，用户可以从中添加新的页面设置
打印到文件	启用【打印机/绘图仪】选项组中的【打印到文件】复选框，则系统将选定的布局发送到打印文件，而不是发送到打印机
打印份数	可以在【打印份数】文本框中设置每次打印图纸的份数

各参数选项都设置完成以后，在【打印】对话框中单击【预览】按钮，系统将切换至【打印预览】界面，进行图纸的打印预览，效果如图 11-39 所示。如果图纸符合设计的要求，用户可以按 Esc 键返回到【打印】对话框，然后单击【确定】按钮，系统将开始输出图形并动态显示绘图进度。

11.5　图形发布

　　AutoCAD 拥有与 Internet 进行连接的多种方式，并且能够在其中运行 Web 浏览器。用户可以通过 Internet 访问或存储 AutoCAD 图形以及相关文件，并且通过该方式生成相应的 DWF 文件，以便进行浏览和打印。

11.5.1　三维 DWF 发布

　　DWF 文件是一种安全的适用于

图 11-39　打印预览效果

在 Internet 上发布的文件格式，并且可以在任何装有网络浏览器和专用插件的计算机中执行打开、查看或输出操作。此外在发布 DWF 文件时，用户可以使用绘图仪配置文件，也可以

使用安装时选择的默认 DWF6 ePlot.pc3 绘图仪驱动程序，还可以修改配置设置，例如颜色深度、显示精度、文件压缩以及字体处理等其他选项。

图 11-40　指定打印机

在输出 DWF 文件之前，用户首先需要创建 DWF 文件。在 AutoCAD 中可以使用 ePlot.pc3 配置文件创建带有白色背景和纸张边界的 DWF 文件。在使用 ePlot 功能时，系统将会创建一个虚拟电子出图，利用 ePlot 可指定多种设置，如指定旋转和图纸尺寸等，并且这些设置都会影响 DWF 文件的打印效果。下面以创建一支撑体零件的 DWF 文件为例，具体介绍 DWF 文件的创建方法。

选择【打印】工具，在打开的【打印-布局 1】对话框中选择打印机为 DWF6 ePlot.pc3，如图 11-40 所示。

然后在【打印-布局 1】对话框中单击【确定】按钮，并在打开的【浏览打印文件】对话框中设置 ePlot 文件的名称和路径，效果如图 11-41 所示。

接着在【浏览打印文件】对话框中单击【保存】按钮，即可完成 DWF 文件的创建操作。用户可以双击该图形文件查看创建效果，如图 11-42 所示。

图 11-41　设置 ePlot 文件的名称和路径

11.5.2　网上发布

在 AutoCAD 中，用户可以利用 Web 页将图形发布到 Internet 上。利用网上发布工具，即使用户不熟悉 HTML 代码，也可以快捷地创建格式化 Web 页。其中，用户所创建的 Web 页可以包含 DWF、PNG 或 JPEG 等格式图像。下面以将一模型零件图形发布到 Web 为例，介绍

图 11-42　创建 DWF 文件

Web 页的发布操作。

　　打开需要发布到 Web 页的图形文件，并在命令行中输入 PUBLISHTOWEB 指令。然后在打开的【网上发布】对话框中选择【创建新 Web 页】单选按钮，如图 11-43 所示。

图 11-43　打开图形和【网上发布】对话框

　　单击【下一步】按钮，在打开的【网上发布-创建 Web 页】对话框中指定 Web 文件的名称、存放位置以及相关说明，效果如图 11-44 所示。

图 11-44　指定文件名称和存放位置

　　继续单击【下一步】按钮，在打开的【网上发布-选择图像类型】对话框中设置 Web 页上显示图像的类型以及图像的大小，效果如图 11-45 所示。

　　单击【下一步】按钮，在打开的【网上发布-选择样板】对话框中指定 Web 页的样板。此时在该对话框右侧的预览框中将显示出所选样板示例的效果，如图 11-46 所示。

图 11-45　设置发布图像的类型和大小

　　单击【下一步】按钮，在打开的【网上发布-应用主题】对话框中设置 Web 页面上各元素的外观样式，在该对话框的下部可以对所选主题进行预览，效果如图 11-47 所示。

　　单击【下一步】按钮，在打开的【网上发布-启用 i-drop】对话框中启用【启用 i-drop】复选框，即可创建 i-drop 有效的 Web 页，如图 11-48 所示

　　单击【下一步】按钮，在打开的【网上发布-选择图形】对话框中用户可以进行图形文件、布局以及标签等内容的添加，效果如图 11-49 所示。

图 11-46　设置 Web 页样板

图 11-47　设置 Web 页主题

图 11-48　启用 i-drop

图 11-49　添加 Web 页图形文件

　　单击【下一步】按钮，在打开的【网上发布-生成图像】对话框中用户可以通过两个单选按钮的选择来指定是重新生成已修改图形的图像，还是重新生成所有图像，效果如图 11-50 所示。

　　单击【下一步】按钮，在打开的【网上发布-预览并发布】对话框中若单击【预览】按钮，可以预览所创建的 Web 页；而若单击【立即发布】按钮，则可发布所创建的 Web 页，效果如图 11-51 所示。

图 11-50　选择 Web 页生成图像的类型

图 11-51　预览和发布 Web 页

　　此外，在发布 Web 页后，用户还可以在【网上发布-预览并发布】对话框中单击【发送电子邮件】按钮，创建和发送包括 URL 及其位置等信息的邮件。最后单击【完成】按钮，即可完成发布 Web 页的所有操作。

11.6　课堂实例 11-1：打印踏架零件图

　　本例打印踏架零件图，效果如图 11-52 所示。在进行图纸的打印时，一般情况下需进行视图布局的设置。在进行该踏架零件布局的设置时，首先插入标题栏样板。然后调整样板布局视口中的图形样式，并添加用以表达该踏架具体形状的 3 个基本视图视口。最终的打印效果是：在一张图纸上既有踏架的三维模型视图，又有它的主、左和俯视图。

图 11-52　踏架三维视图

操作步骤

① 打开配套光盘文件"踏架.dwg"，并单击【布局】标签，进入布局模式，效果如图 11-53 所示。

② 在【布局】标签上单击右键，并在打开的快捷菜单中选择【来自样板】选项。然后在打开的【从文件选择样板】对话框中选择本书配套光盘文件"Styles.dwt"，并单击【打开】按钮，系统将打开【插入布局】对话框，效果如图 11-54 所示。

图 11-53　进入布局模式

图 11-54　选择样板文件

③ 在【插入布局】对话框中单击【确定】按钮。此时【布局】标签后面将新增【Gb A3 标题栏】标签。然后单击该标签，进入新建的布局环境，效果如图 11-55 所示。

④ 双击布局中的标题栏，系统将打开【增强属性编辑器】对话框。然后在该对话框中修改各列表项的标记值，效果如图 11-56 所示。

图 11-55　插入样板布局

图 11-56　修改标题栏参数

⑤ 在当前视口的任意位置双击，此时图纸的内边线将变为黑色的粗实线，即该视口被激活。然后利用【实时平移】和【缩放】工具将模型调整至如图 11-57 所示的位置。

⑥ 切换【西南等轴测】为当前视图，并切换【概念】为当前样式。然后利用【实时平移】和【缩放】工具将模型调整至如图 11-58 所示的位置。

图 11-57 移动视图　　　　　　　　图 11-58 改变视图模式

⑦ 在【布局视口】选项板中单击【命名】按钮，将打开【视口】对话框。然后切换至【新建视口】选项卡，并在【标准视口】列表框中选择【三个：水平】选项，创建 3 个视口。接着按照图 11-59 所示分别设置这 3 个视口的视图方位和视觉样式。

⑧ 设置完各视口的属性后，单击【确定】按钮。然后依次指定如图 11-60 所示的两个角点 A 和 B 为布满区域的两个对角点。

图 11-59 定义多个视口　　　　　　图 11-60 指定视口区域

⑨ 在【自定义快速访问】工具栏中单击【打印】按钮，系统将打开【打印-Gb A3 标题栏】对话框。然后按照图 11-61 所示进行打印设置。

⑩ 设置完打印模式后，单击【预览】按钮，即可进行打印布局的预览，效果如图 11-62 所示。

⑪ 查看预览效果并满足要求后，单击右键，并在打开的快捷菜单中选择【退出】选项，系统将返回到【打印-Gb A3 标题栏】对话框。然后单击【确定】按钮，在打开的【浏览打印

文件】对话框中指定保存路径和文件名，进行保存，效果如图 11-63 所示。

图 11-61　设置打印模式

图 11-62　打印预览

⑫ 保存文件后，按照上面保存的路径，利用 Adobe Reader 软件打开所保存的文件进行查看，效果如图 11-64 所示。

图 11-63　保存文件

图 11-64　打开保存的对象

11.7　课堂实例 11-2：输出轴承盖零件图的 PDF 文件

本例输出轴承盖零件图的 PDF 文件，效果如图 11-65 所示。该轴承盖零件主要用于固定和封闭轴承，其结构由固定螺栓孔组成，且螺栓孔用于轴承的轴向固定。

输出该零件图的 PDF 格式文件时，首先进行页面设置，然后利用【输出 PDF】工具设置输出方式和显示方式，并通过框选窗口指定输出文件区域。接着指定保存路径和名称进行保存。最后利用专业软件打开所保存的 PDF 文件查看效果即可。

① 打开本书配套光盘文件"轴承盖.dwg"，然后选择【文件】|【打印】|【页面设置】选项，将打开【页面设置管理器】对话框。接着在该对话框中单击【修改】按钮，并在打开的【页面设置-模型】对话框中按照图 11-66 所示设置页面模式。

② 展开【输出】选项卡，在【输出为 DWF/PDF】选项板中单击【输出 PDF】按钮 📄，系统将打开【另存为 PDF】对话框。然后在该对话框中指定保存路径和名称，保存该格式的文件，效果如图 11-67 所示。

图 11-65　输出轴承盖 PDF 文件

图 11-66　页面设置

图 11-67　指定保存路径和名称

③ 在该对话框的【输出】下拉列表中选择【窗口】选项，并指定如图 11-68 所示的点 A 和点 B 为窗口的两个对角点。

④ 在该对话框中单击【选项】按钮，系统将打开【输出为 DWF/PDF 选项】对话框。然后在该对话框的【合并控制】下拉列表中选择【直线合并】选项，并单击【确定】按钮，如图 11-69 所示。

图 11-68　指定输出窗口

图 11-69　【输出为 DWF/PDF 选项】对话框

⑤ 完成上述参数设置后单击【保存】按钮，系统将进行输出 PDF 格式文件操作，状态栏中将显示"完成打印和发布作业，未发现错误或警告"提示信息，如图 11-70 所示。

⑥ 利用专业软件即可打开上面指定路径所保存的 PDF 文件，效果如图 11-71 所示。

图 11-70　完成输出　　　　　　　　　　图 11-71　打开 PDF 文件

11.8　扩展练习：打印柱塞泵体零件图

本练习打印柱塞泵体零件图，效果如图 11-72 所示。在进行图纸的打印时，一般情况下需进行视图布局的设置。在进行该柱塞泵体零件布局的设置时，首先插入标题栏样板，然后调整样板布局视口中的图形样式，并添加用以表达该柱塞泵体具体形状的 3 个基本视图视口。最终的打印效果是：在一张图纸上既有柱塞泵体的三维模型视图，又有它的主、左和俯视图。

图 11-72　柱塞泵体三维视图

11.9　扩展练习：输出齿轮轴零件图的 PDF 文件

本练习输出齿轮轴零件图的 PDF 文件,效果如图 11-73 所示。该齿轮轴零件主要作用传递运动和扭矩，常用于机械传动当中。

输出该零件图的 PDF 格式文件时，首先进行页面设置，然后利用【输出 PDF】工具设置输出方式和显示方式，并通过框选窗口指定输出文件区域。接着指定保存路径和名称进行保存。最后利用专业软件打开所保存的 PDF 文件查看效果即可。

图 11-73　输出齿轮轴零件 PDF 文件